Prof.(Dr.) Ravi Bachubhai Patel

# Caracterização dos herbicidas 2,4-D utilizando a técnica de HPLC

Prof.(Dr.) Ravi Bachubhai Patel

# Caracterização dos herbicidas 2,4-D utilizando a técnica de HPLC

ScienciaScripts

**Imprint**

Any brand names and product names mentioned in this book are subject to trademark, brand or patent protection and are trademarks or registered trademarks of their respective holders. The use of brand names, product names, common names, trade names, product descriptions etc. even without a particular marking in this work is in no way to be construed to mean that such names may be regarded as unrestricted in respect of trademark and brand protection legislation and could thus be used by anyone.

Cover image: www.ingimage.com

This book is a translation from the original published under ISBN 978-620-3-92609-5.

Publisher:
Sciencia Scripts
is a trademark of
Dodo Books Indian Ocean Ltd. and OmniScriptum S.R.L publishing group

120 High Road, East Finchley, London, N2 9ED, United Kingdom
Str. Armeneasca 28/1, office 1, Chisinau MD-2012, Republic of Moldova, Europe
Printed at: see last page
**ISBN: 978-620-7-73925-7**

# Índice

1

# CAPÍTULO: 1
## Introdução

# Introdução

O 2,4-D é um herbicida amplamente utilizado que controla as infestantes de folha larga e que tem sido utilizado como pesticida desde a década de 1940. É utilizado em muitos locais, incluindo relvados, direitos de passagem, zonas aquáticas, zonas florestais e uma variedade de culturas arvenses, frutícolas e hortícolas. Pode também ser utilizado para regular o crescimento de plantas de citrinos.

O herbicida pós-emergente seletivo 2,4-D Amina é um herbicida pós-emergente eficaz, utilizado para eliminar ervas daninhas de folha larga e arbustos na maioria dos relvados, em várias áreas de cultivo, e controla com êxito ervas daninhas aquáticas indesejadas e árvores. O 2,4-D é um herbicida e, secundariamente, um regulador do crescimento das plantas. As formulações incluem ésteres, ácidos e vários sais, que variam nas suas propriedades químicas, comportamento ambiental e, em menor grau, toxicidade.

Em termos gerais, os herbicidas têm sido uma solução económica, eficaz, promissora e rápida na gestão das infestantes na atividade agrícola (Santín-Montanyá et al. 2013). Estes compostos representam cerca de 47,5% do total de pesticidas utilizados em todo o mundo. Cerca de 2 milhões de toneladas do total de pesticidas foram utilizados em 2014 e estima-se um aumento de 3,5 milhões de toneladas em 2020, sendo os principais consumidores a China, os EUA, a Argentina, a Tailândia, o Brasil, a Itália, a França, o Canadá, o Japão e a Índia (Zhang 2018; Sharmaetal.2019). Estes produtos podem ser utilizados em pós-emergência (nas folhas) ou em pré-emergência das culturas (no solo) (Wagner e Nádasy 2006). Na aplicação em pós-emergência, é importante escolher herbicidas adequados para um controlo eficaz das infestantes. Por esta razão, é necessário conhecer vários factores, como o tamanho da planta descongelada, a densidade populacional, a taxa de crescimento, as condições ambientais e a sensibilidade das infestantes aos herbicidas (Santín-Montanyá et al. 2013). Percentagens inferiores a 10% das doses aplicadas destes pesticidas atacam os organismos-alvo (Mahmood et al. 2016; Javaidetal.2016). No ambiente, deslocam-se por diferentes mecanismos, como a água da chuva, a volatilização, a remoção das culturas, a lixiviação, a absorção pelas plantas, a degradação química, a adsorção, o escoamento superficial e a degradação microbiana, bem como o processo de fotodecomposição (Qurratu e Reehan2016). Os herbicidas persistentes e recalcitrantes podem constituir um problema, uma vez que os seus resíduos podem ser prejudiciais para a saúde humana e o ambiente. Estes compostos são resistentes à decomposição através de processos químicos devido à presença de um grande número de grupos halogéneos, nitro ou sulfonilo que actuam como substituintes (Bharadwaj 2018). A aplicação excessiva e inadequada de pesticidas pode produzir efeitos negativos no ambiente e na biodiversidade. Além disso, a utilização incorrecta destes compostos pode produzir efeitos negativos nos animais e na saúde humana, como fadiga, fraqueza geral e perturbação das vias respiratórias. Estes pontos serão descritos nas secções seguintes. Por conseguinte, esta revisão reúne informações sobre o herbicida xenobiótico organoclorado ácido 2,4-diclorofenoxiacético (2,4-D)

Na cromatografia gasosa é utilizado o mesmo princípio, mas o transportador é um gás em vez de um líquido. A fase estacionária é um líquido imobilizado ligado a um suporte inerte ou simplesmente aplicado na superfície interna de uma coluna. A cromatografia gasosa é eficazmente utilizada para a análise de misturas gasosas ou de líquidos com baixos pontos de ebulição. Por outro lado, a cromatografia líquida é aplicada na separação de misturas de líquidos termicamente lábeis ou com pontos de ebulição elevados. A cromatografia de exclusão de tamanho baseia-se na separação de moléculas com base no seu tamanho. As fases estacionárias são seleccionadas com base na dimensão dos seus poros e a retenção selectiva ocorre em função da dimensão dos poros da fase estacionária. Não se verifica qualquer interação química entre a fase estacionária e as espécies eluídas.

O ácido 2,4-diclorofenoxiacético é um composto orgânico com a fórmula química $C_8H_6Cl_2O_3$. É um herbicida sistémico que mata seletivamente a maioria das ervas daninhas de folha larga, causando um crescimento descontrolado nas mesmas, mas deixa a maioria das gramíneas, como cereais, relva e pastagens, relativamente inalteradas.

A cromatografia é a técnica laboratorial mais utilizada para a separação, identificação e quantificação dos componentes de misturas líquidas e gasosas. As misturas sólidas também são analisadas convertendo-as primeiro num estado líquido ou gasoso, utilizando técnicas adequadas de preparação de amostras. A afinidade diferencial dos componentes entre as fases transportadora e estacionária constitui a base da separação. Os componentes retidos pela fase estacionária têm taxas de migração mais lentas do que os componentes não retidos ou parcialmente retidos.

A Cromatografia Líquida teve origem no início de 1900, quando o botânico russo Mikhail S. Tswett separou pigmentos de plantas utilizando colunas de vidro com carbonato de cálcio. Só em meados do século XX é que a técnica foi aplicada para desenvolver a cromatografia em papel, a HPLC e a GC.

A HPLC foi originalmente designada por Cromatografia Líquida de Alta Pressão, uma vez que era necessária uma pressão elevada para permitir que o líquido fluísse através das colunas de enchimento. No entanto, com os avanços contínuos na instrumentação e nos materiais de enchimento, o nome foi alterado para Cromatografia Líquida de Alta Eficiência, levando a melhorias na separação, identificação, purificação e quantificação de moléculas complexas em relação às técnicas anteriormente conhecidas.

Os avanços na tecnologia das bombas contribuíram para um maior controlo e flexibilidade da composição da fase móvel. O funcionamento isocrático mantém a mesma composição da fase móvel durante todo o ciclo analítico, enquanto o modo de eluição por gradiente permite a programação da composição de acordo com os requisitos da análise.

Sabe-se que a eficiência da coluna aumenta com a redução do tamanho das partículas. No entanto, a indisponibilidade de tecnologia para o fabrico de partículas de pequena dimensão impediu o progresso nesta direção. Na década de 1990, utilizavam-se partículas de 3-5 $\mu$ m. A barreira dos sub - 2 $\mu$ m foi quebrada em 2003 e, na Pittcon 2005, foram demonstradas colunas com partículas sub - 2 $\mu$ m. Este desenvolvimento lançou a era da UPLC (Ultra Pressure Liquid Chromatography) ou Fast LC. Tornou-se possível reduzir os comprimentos e diâmetros das colunas para obter elevadas eficiências de separação. As vantagens só puderam ser obtidas após avanços tecnológicos na instrumentação que permitiram operações a altas pressões, bem como detectores de alta velocidade e eletrónica para captar sinais rápidos e picos estreitos.

Nos últimos anos, tem havido um interesse crescente na síntese e separação de enantiómeros devido à sua importância na bioquímica e na indústria farmacêutica. A cromatografia convencional não consegue separar os enantiómeros, mas a cromatografia quiral oferece esta opção para aplicações à escala analítica e preparativa.

O equipamento de cromatografia parece bastante intimidante para quem nunca o manuseou antes, mas se olharmos mais de perto e nos familiarizarmos com o equipamento, apercebemo-nos de que, por detrás da rede de fios, canalizações e circuitos complexos, está uma máquina simples com apenas algumas peças principais. As diferentes combinações destas peças, nomeadamente bombas, detectores e injectores, produzem um número infinito de configurações com base na aplicação. Tal como a compreensão da anatomia humana nos torna conscientes do papel vital de cada um dos órgãos do corpo para o nosso bem-estar e vitalidade. Da mesma forma, é necessário ter uma boa compreensão das partes do seu sistema HPLC para gerar dados da mais alta fiabilidade. Uma compreensão concetual da função de cada componente aumentará o seu nível de conforto com o sistema de HPLC. Assegurará uma utilização prolongada com elevada confiança nos dados de saída. O presente capítulo destina-se a servir este objetivo e, em termos simples, o utilizador compreenderá o papel de cada componente e a sua contribuição para a eficiência global do sistema. A HPLC é uma técnica de separação, identificação e quantificação de componentes numa mistura. É especialmente adequada para compostos que não são facilmente volatilizados, termicamente instáveis e com pesos moleculares elevados. A fase líquida é bombeada a um ritmo constante para a coluna com a fase estacionária. Antes de entrar na coluna, a amostra a analisar é injectada na corrente transportadora. Ao chegar à coluna, os componentes da amostra são seletivamente retidos com base nas interacções físico-químicas entre as moléculas da substância a analisar e a fase estacionária. A fase móvel, que se move a um ritmo constante, elui os componentes com base nas condições de funcionamento. As técnicas de deteção são utilizadas para a deteção e quantificação dos componentes eluídos. Apresentamos de seguida o significado e o papel de cada componente do sistema de HPLC. Fase móvel A fase móvel serve para transportar a amostra para o sistema. Os critérios essenciais da fase móvel são a inércia em relação aos componentes da amostra. São normalmente utilizados solventes puros ou combinações de tampões. A fase móvel deve estar isenta de impurezas particuladas e ser desgaseificada antes de ser utilizada. Reservatórios de fase móvel Trata-se de recipientes inertes para armazenamento e transporte da fase móvel. Em geral, utilizam-se frascos de vidro transparente para facilitar a inspeção visual do nível da fase móvel no interior do recipiente. No seu interior, existem filtros de partículas de aço inoxidável para remover as impurezas da fase móvel, caso existam.

Bombas: As variações nos caudais da fase móvel afectam o tempo de eluição dos componentes da amostra e resultam em erros. As bombas fornecem um caudal constante de fase móvel à coluna sob pressão constante. Injectores: Os injectores são utilizados para fornecer uma injeção de volume constante da amostra no fluxo da fase móvel. A inércia e a reprodutibilidade da injeção são necessárias para manter um elevado nível de precisão.

Coluna: Uma coluna é um tubo de aço inoxidável com uma fase estacionária. É um componente vital e deve ser mantido corretamente, de acordo com as instruções do fornecedor, para se obter uma eficiência de separação reprodutível, execução após execução.

Forno de coluna: A variação da temperatura durante o ciclo analítico pode resultar em alterações do tempo de retenção dos componentes eluídos separados. Um forno de coluna mantém a temperatura da coluna constante através da circulação de ar. Isto assegura um caudal constante da fase móvel através da coluna

Detetor: Um detetor dá uma resposta específica para os componentes separados pela coluna e também fornece a sensibilidade necessária. Tem de ser independente de quaisquer alterações na composição da fase móvel. A maioria das aplicações exige a deteção UV-VIS, embora os detectores baseados noutras técnicas de deteção sejam também populares atualmente.

Aquisição e controlo de dados: Os sistemas modernos de HPLC são baseados em computador e o software controla os parâmetros operacionais, como a composição da fase móvel, a temperatura, o caudal, o volume e a sequência de injeção, bem como a aquisição e o tratamento dos resultados.

## CIÊNCIA FORENSE

A ciência forense é a utilização da ciência e da tecnologia para fazer cumprir as leis civis e penais.

A aplicação da ciência às leis penais e civis que são aplicadas pelos organismos policiais num sistema de justiça penal.

A palavra forense deriva do latim *forensic*, que significa fórum, um local público onde, na época romana, os senadores e outras pessoas debatiam e realizavam acções judiciais.

## IMPORTÂNCIA DA CIÊNCIA FORENSE

A ciência forense é um elemento fundamental do sistema de justiça penal. Os cientistas forenses examinam e analisam provas de locais de crime e de outros locais para chegar a conclusões objectivas que podem ajudar na investigação e acusação de autores de crimes ou absolver uma pessoa inocente de suspeitas.

## QUÍMICA FORENSE

A química forense é a utilização da análise química no âmbito do direito.

A química forense é definida como o ramo da química que se ocupa da aplicação dos princípios químicos na resolução de problemas que surgem no âmbito da administração da justiça.

## Pai da Química Forense - Mathieu Joseph Bonaventure Orfila

## IMPORTÂNCIA DA QUÍMICA FORENSE

A química é utilizada na ciência forense para descobrir informações a partir de provas físicas. Sem a química forense não saberíamos o resultado de um crime.

O trabalho do químico forense consiste em examinar as provas que lhe são fornecidas de um local de crime, quando este ocorreu e até mesmo quem cometeu o crime na altura.


A química é vital para a ciência forense. Com a química, o cientista forense pode imprimir uma imagem do que aconteceu, por vezes a nível molecular

Os químicos forenses analisam provas físicas e amostras encontradas no local do crime, a fim de identificar materiais desconhecidos e fazer corresponder as amostras a substâncias conhecidas.

Nos processos penais, vários reagentes e procedimentos da química ajudam a examinar elementos como o sangue, o ADN e os resíduos de pólvora para determinar quando e quem cometeu o crime.


## TOXICOLOGIA FORENSE

A toxicologia forense é a análise de amostras biológicas para detetar a presença de toxinas, incluindo drogas.

O relatório toxicológico pode fornecer informações essenciais sobre o tipo de substâncias presentes num indivíduo e se a quantidade dessas substâncias é compatível com a dosagem terapêutica ou se está acima de um nível nocivo.

A ciência da deteção e identificação da presença de drogas e venenos nos fluidos, tecidos e órgãos do corpo, com o objetivo de detetar a sua influência no comportamento humano.


## IMPORTÂNCIA DA TOXICOLOGIA FORENSE

A unidade de toxicologia identifica e quantifica drogas, álcoois e venenos em amostras biológicas como sangue, urina ou tecidos.

As informações são utilizadas pelas autoridades policiais e pelos tribunais para ajudar a determinar se a lei foi violada ou se se justifica uma ação penal.

A toxicologia descobriu que o álcool etílico é a droga mais consumida nos países ocidentais.

Os toxicologistas detectam e identificam drogas e venenos nos fluidos, tecidos e órgãos do corpo.

## METODOLOGIAS UTILIZADAS NA QUÍMICA FORENSE

Os químicos forenses recorrem a uma multiplicidade de instrumentos para identificar substâncias desconhecidas encontradas no local do crime.

Podem ser utilizados diferentes métodos para determinar a identidade de uma mesma substância, cabendo ao examinador determinar qual o método que produzirá os melhores resultados.

Os factores que os químicos forenses podem ter em consideração ao realizar um exame são o tempo que um instrumento específico demorará a examinar uma substância e a natureza destrutiva desse instrumento.

Preferem utilizar primeiro métodos não destrutivos, para preservar as provas para um exame posterior.

As técnicas não destrutivas também podem ser utilizadas para restringir as possibilidades, tornando mais provável que o método correto seja utilizado na primeira vez que for utilizado um método destrutivo.

As duas metodologias mais comuns utilizadas são:

(1) Espectroscopia
(2) Cromatografia

### ESPECTROSCOPIA

A espetroscopia é o campo de estudo que mede e interpreta os espectros electromagnéticos que resultam da interação entre a radiação electromagnética e a matéria em função do comprimento de onda ou da frequência da radiação.

Em termos simples, a espetroscopia é o estudo preciso da cor, generalizado da luz visível para todas as bandas do espetro eletromagnético.
A espetroscopia é o método que consiste em emitir uma radiação electromagnética sobre um corpo e registar a sua reação a essa radiação.

O grande número de comprimentos de onda emitidos por estes sistemas torna possível investigar o seu espetro em pormenor, incluindo as configurações electrónicas dos vários estados excitados no solo.

Alguns exemplos são utilizados para medir amostras por espetroscopia de absorção e também para medir amostras tóxicas no sangue.

As duas principais técnicas de espetroscopia para a química forense são:

**FTIR** (Espectroscopia de infravermelhos com transformada de Fourier)
**AAS** (Espectroscopia de Absorção Atómica)

# CROMATOGRAFIA

As técnicas de espetroscopia são úteis quando a amostra que está a ser testada é pura ou uma mistura muito comum. Quando uma mistura desconhecida está a ser analisada, deve ser dividida nas suas partes individuais.

A cromatografia é um processo físico em que os componentes (Solutos) de uma mistura de amostras são separados em resultado da sua distribuição diferencial entre as fases estacionária e móvel.

A cromatografia baseia-se normalmente no princípio da partição do soluto entre duas fases. É normalmente constituída por uma fase móvel e uma fase estacionária.

As técnicas de cromatografia podem ser utilizadas para separar as misturas nos seus componentes, permitindo que cada parte seja analisada separadamente.

Na análise química, a cromatografia é uma técnica laboratorial para a separação de uma mistura nos seus componentes.

A mistura é dissolvida num solvente fluido (gás ou líquido) chamado fase móvel, que a transporta através de um sistema (uma coluna, um tubo capilar, uma placa ou uma folha) no qual é fixado um material chamado fase estacionária.

Uma vez que os diferentes constituintes da mistura tendem a ter diferentes afinidades para a fase estacionária e são retidos durante diferentes períodos de tempo, dependendo das suas interacções com os locais da sua superfície, os constituintes viajam a diferentes velocidades aparentes no fluido móvel, provocando a sua separação.

A separação baseia-se na partição diferencial entre a fase móvel e a fase estacionária.

Diferenças subtis no coeficiente de partição de um composto resultam numa retenção diferencial na fase estacionária, afectando assim a separação.

<u>**PRINCÍPIO DA CROMATOGRAFIA**</u>

A cromatografia baseia-se no princípio em que as moléculas da mistura são aplicadas na superfície ou no interior do sólido, e a fase estacionária fluida (fase estável) separa-se uma da outra enquanto se desloca com a ajuda de uma fase móvel.

<u>**TIPOS DE CROMATOGRAFIA**</u>

- Cromatografia líquida

- Cromatografia gasosa

- Cromatografia de camada fina

- Cromatografia em papel

- Cromatografia em coluna

- Cromatografia líquida de alta eficiência

- Cromatografia líquida rápida de proteínas

- Cromatografia de fluido supercrítico

- Cromatografia de afinidade

- Cromatografia de fase inversa

- Cromatografia bidimensional

- Cromatografia em contracorrente.

# CROMATOGRAFIA LÍQUIDA DE ALTA EFICIÊNCIA (HPLC)

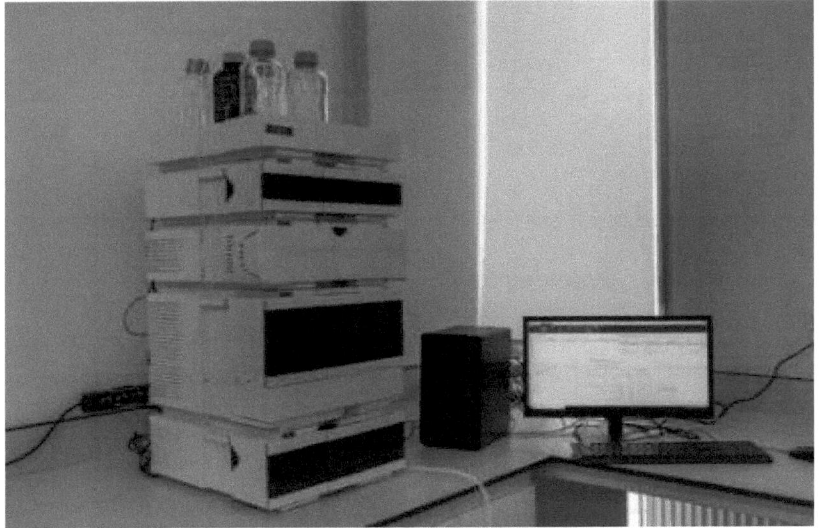

**Fig. 1.1 Instrumento de HPLC**

A cromatografia líquida de alta eficiência (HPLC) é um processo de separação de componentes numa mistura líquida.

Uma amostra líquida é injetada numa corrente de solvente (fase móvel) que flui através de uma coluna com um meio de separação (fase estacionária).

A HPLC é uma técnica analítica que permite separar, identificar e quantificar os componentes de uma mistura.

É a principal técnica cromatográfica utilizada na maioria dos laboratórios em todo o mundo.

Baseia-se em bombas para fazer passar um solvente líquido pressurizado contendo a mistura de amostras através de uma coluna preenchida com um material adsorvente sólido.

Cada componente da amostra interage de forma ligeiramente diferente com o material adsorvente.

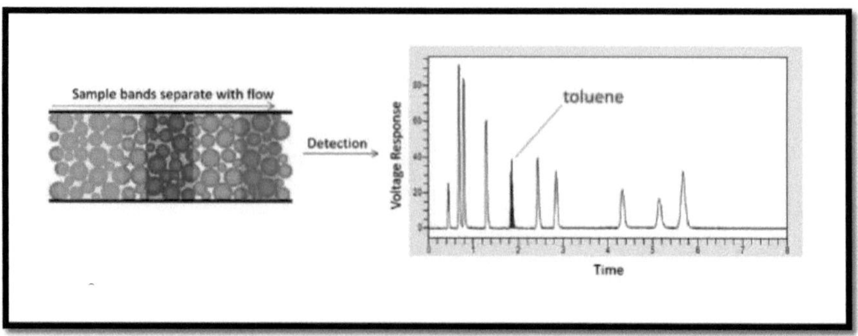

**Fig. 1.2 Imagem do fluxo da amostra e dos espectros de HPLC**

À medida que as bandas emergem da coluna, o fluxo transporta-as para um ou mais detectores que fornecem uma resposta de tensão em função do tempo.

A isto chama-se um cromatograma. Para cada pico, o momento em que surge identifica o constituinte da amostra em relação ao padrão. A área do pico representa a quantidade.

## A HISTÓRIA DA HPLC

No início da década de 60, começa a ser utilizada a sigla HPLC (High Pressure Liquid Chromatography).

Final dos anos 70, melhorias no material e na instrumentação das colunas - Cromatografia Líquida de Alta Eficiência

A partir do início dos anos 80, começou o "boom" da HPLC. Desde 2006, surgiram novos termos como UPLC, RRLC, UFLC, RSLC,

## PRINCÍPIO DO HPLC

A HPLC é uma forma de cromatografia líquida utilizada para separar compostos que se dissolvem numa solução.

O princípio da cromatografia líquida de alta eficiência (HPLC) baseia-se na adsorção e na cromatografia de partição, que dependem da natureza da fase estacionária.

Se a fase estacionária for sólida, o princípio baseia-se na cromatografia de adsorção e se a fase estacionária for líquida, o princípio baseia-se na cromatografia de partição.

As partículas de pequeno diâmetro são utilizadas como fase estacionária.

Os compostos são separados através da injeção de uma mistura de amostras na coluna.

Os diferentes componentes da mistura passam através da coluna e diferenciam-se devido à diferença no seu comportamento de partição entre a fase móvel e a fase móvel deve ser desgaseificada para eliminar a formação de bolhas de ar.

## QUAL É O ASPECTO DE UMA CROMATOGRAFIA LÍQUIDA DE ALTA PRESSÃO?

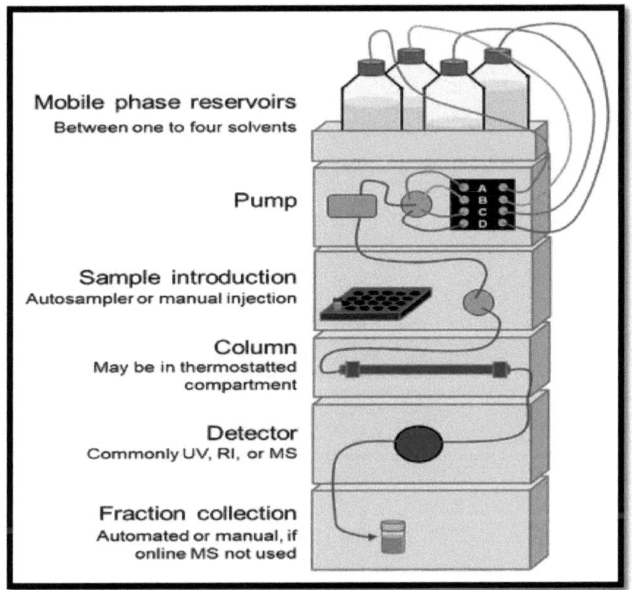


**Fig. 1.3 Instrumento de HPLC com diferentes componentes**

## SEPARAÇÃO HPLC

O HPLC pode separar e detetar cada composto pela diferença de velocidade de cada composto através da coluna. A Fig.3 mostra um exemplo de separação por HPLC.

Existem duas fases para a HPLC: a fase móvel e a fase estacionária. A fase móvel é o líquido que dissolve o composto alvo. A fase estacionária é a parte de uma coluna que interage com o composto alvo.

Na coluna, quanto mais forte for a afinidade (por exemplo, força de van der waals) entre o componente e a fase móvel, mais rapidamente o componente se move através da coluna juntamente com a fase móvel.

Por outro lado, quanto mais forte for a afinidade com a fase estacionária, mais lentamente se move através da coluna.

A Fig. mostra um exemplo em que o componente amarelo tem uma forte afinidade com a fase móvel e move-se rapidamente através da coluna, enquanto o componente cor-de-rosa tem uma forte afinidade com a fase estacionária e move-se lentamente. A velocidade de eluição na coluna depende da afinidade entre o composto e a fase estacionária.

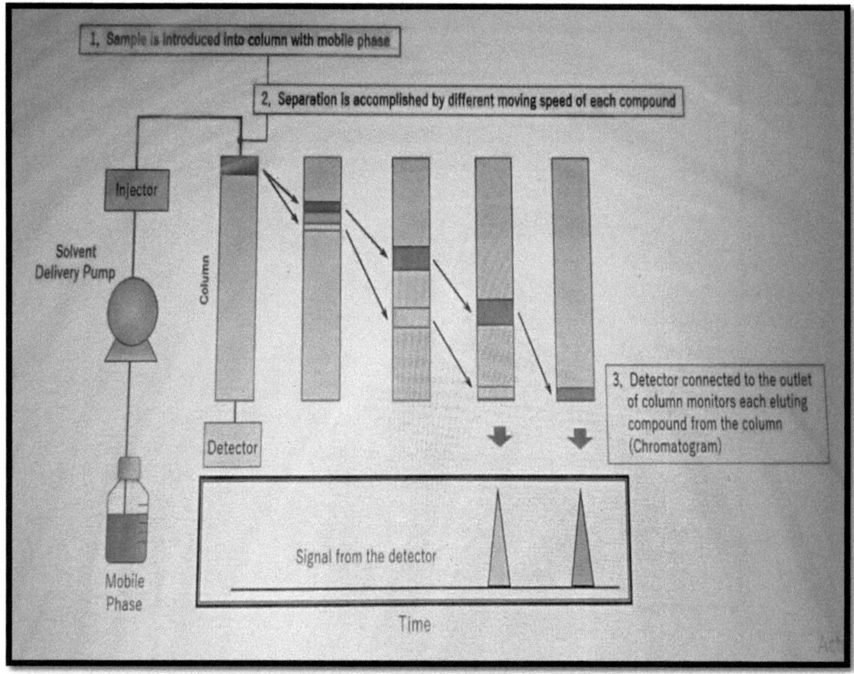


**Fig. 1.4 Um exemplo de separação por HPLC**

## <u>COMO LER UM CROMATOGRAMA?</u>

A palavra "cromatograma" significa um gráfico obtido por cromatografia. A figura 4 mostra um exemplo de um cromatograma. O cromatograma é um gráfico bidimensional em que o eixo vertical indica a concentração em termos da intensidade do sinal do detetor e o eixo horizontal representa o tempo de análise. Quando nenhum composto é eluído da coluna, é traçada uma linha paralela ao eixo horizontal. Esta linha é designada por linha de base. O detetor responde com base na concentração do composto alvo na banda de eluição.

O gráfico obtido assemelha-se mais à forma de um sino do que de um triângulo. Esta forma é designada por "pico".

O tempo de retenção (tR) é o intervalo de tempo entre o ponto de injeção da amostra e o ápice do pico. O tempo necessário para que os compostos não retidos (compostos sem interação com a fase estacionária) passem do injetor para o detetor é designado por tempo morto (t0).

A altura do pico (h) é a distância vertical entre o ápice de um pico e a linha de base, e a área do pico (A) colorida a azul claro é a área delimitada pelo pico e pela linha de base. Estes resultados serão utilizados para a análise qualitativa e quantitativa dos componentes de uma amostra.

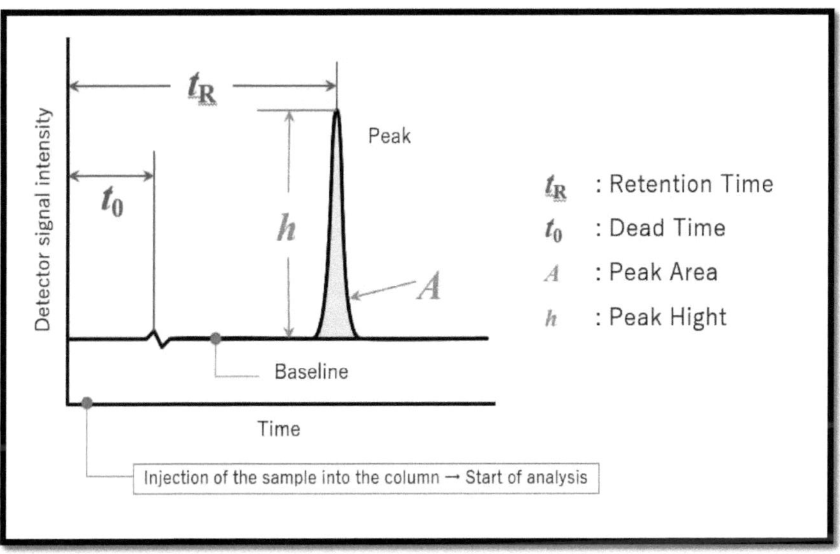


**Fig. 1.5 Um exemplo de gráfico de HPLC**

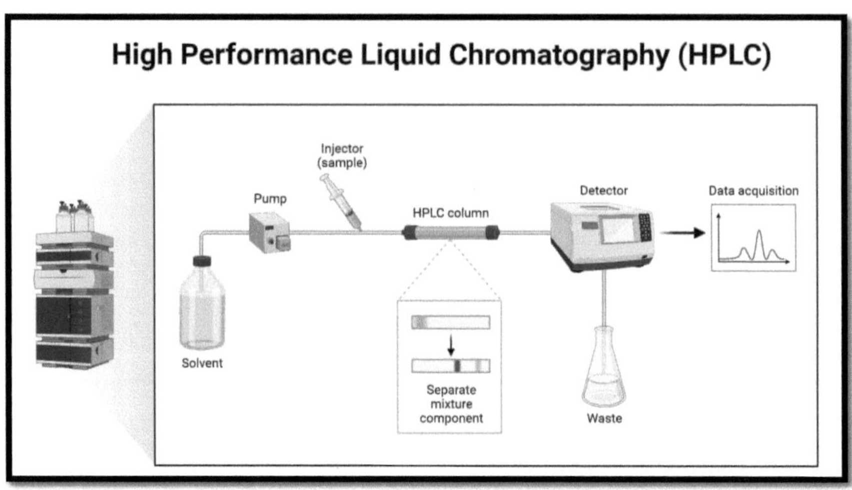


Fig. 1.6 Diagrama da instrumentação da HPLC

**Bombas:** O papel da bomba é forçar um líquido (chamado fase móvel) através do cromatógrafo líquido a um caudal específico, expresso em mililitros por minuto

O desenvolvimento da HPLC levou ao desenvolvimento do sistema pumpm.

A bomba está posicionada no fluxo mais superior do sistema de cromatografia líquida e gera um fluxo de eluente do reservatório de solvente para o sistema.

A geração de alta pressão é um requisito "padrão" da bomba, além disso, também deve ser capaz de fornecer uma pressão consistente em qualquer condição e um caudal controlável e reproduzível.

A maioria das bombas utilizadas nos sistemas LC actuais gera o caudal através do movimento para a frente e para trás de um pistão acionado por um motor. Devido a este movimento do pistão, produz "impulsos"

**Tipos de bombas:**
- Chulos de pressão constante
- Bombas de tipo seringa
- Bombas de pistão recíprocas

**Injetor:** Um injetor é colocado ao lado da bomba. O método mais simples consiste em utilizar uma seringa e a amostra é introduzida no fluxo do eluente.

O método de injeção mais utilizado baseia-se em circuitos de amostragem.

A utilização do sistema de auto-amostrador (auto-injetor) é também amplamente utilizada, permitindo injecções repetidas num determinado período de tempo programado.

**Coluna:** Na coluna de HPLC, os componentes da amostra separam-se com base nas suas diferentes interacções com o enchimento da coluna.

Se a espécie interage mais fortemente com a fase estacionária na coluna, ela adsorve e terá, portanto, um tempo de retenção maior.

A separação é efectuada no interior da coluna. As colunas recentes são frequentemente preparadas num invólucro de aço inoxidável, em vez de colunas de vidro.

O material de aglomeração geralmente utilizado é a sílica ou géis poliméricos em comparação com o carbonato de cálcio.

O eluente utilizado para a LC varia de solventes ácidos a básicos.

A maioria dos alojamentos das colunas é feita de aço inoxidável, uma vez que o aço inoxidável é tolerante a uma grande variedade de solventes.

A coluna pode ser preenchida com sólidos como a sílica ou a alumina; estas colunas são designadas por colunas homogéneas.

Se a fase estacionária na coluna for um líquido, a coluna é considerada uma coluna ligada.

As colunas aglutinadas contêm uma fase estacionária líquida aglutinada a um suporte sólido, que é também normalmente sílica ou alumina.

O valor da constante C descrito na equação de Van Deemter é proporcional, em HPLC, ao diâmetro das partículas que constituem o material de enchimento da coluna.

**Tipos de colunas :**
- Coluna de fase normal.
- Coluna de fase inversa.
- Coluna de permuta iónica.
- Coluna de exclusão de tamanhos.

**Detetor** : O detetor de HPLC, situado na extremidade da coluna, deve registar a presença dos diferentes componentes da amostra, mas não deve detetar o solvente.

A separação das substâncias a analisar é efectuada no interior da coluna, enquanto que um detetor é utilizado para observar a separação obtida.

Por esta razão, não existe um detetor universal que funcione para todas as separações. Um detetor comum de HPLC é um detetor de absorção de UV, uma vez que a maioria das moléculas médias a grandes absorve radiação UV.

Os detectores que medem a fluorescência e o índice de refração são também utilizados em aplicações especiais. Um desenvolvimento relativamente novo é a combinação de uma separação HPLC com um detetor NMR.

Isto permite que os componentes puros da amostra sejam identificados e quantificados por ressonância magnética nuclear após terem sido separados por HPLC, num único processo integrado.

A composição do eluente é consistente quando não está presente qualquer analito. Enquanto que a presença da substância a analisar altera a composição do eluente. O que o detetor faz é medir estas diferenças.

Esta diferença é monitorizada sob a forma de um sinal eletrónico. Existem diferentes tipos de detectores disponíveis.

**Tipos de detectores:**
- Detectores de comprimento de onda fixo
- Detectores de comprimento de onda variável
- Detectores de matriz de díodos

**Registador** : A alteração do eluente detectada por um detetor assume a forma de um sinal eletrónico, pelo que não é visível aos nossos olhos.

Antigamente, utilizava-se popularmente o registador de gráficos a caneta (papel). Atualmente, é mais comum um processador de dados baseado em computador (integrador).

Existem vários tipos de processadores de dados; desde um sistema simples que consiste numa impressora e num processador de texto incorporados até aos que possuem software especificamente concebido para um sistema LC, que não só permite a aquisição de dados, mas também características como o ajuste de picos, a correção da linha de base, a determinação do peso molecular, etc.

**Desgaseificador** : O eluente utilizado para a análise LC pode conter gases como o oxigénio que não são visíveis aos nossos olhos.

Se estiver presente gás no eluente, este é detectado como ruído e provoca uma tubagem instável para remover os gases.

O desgaseificador utiliza uma tubagem de membrana de polímero especial para remover os gases.

Os numerosos poros muito pequenos na superfície do tubo de polímero permitem a passagem do ar, mas impedem a passagem de qualquer líquido através do poro.

**Aquecedor de coluna:** A separação LC é frequentemente influenciada pela temperatura da coluna.

Para obter resultados repetíveis, é importante manter condições de temperatura consistentes.

Também para algumas análises, como as do açúcar e do ácido orgânico, podem ser obtidas melhores resoluções a temperaturas elevadas (50 a 80° C).

Assim, as colunas são geralmente mantidas dentro do forno de coluna (aquecedor de coluna).

A coluna pode ser preenchida com sólidos como a sílica ou a alumina; estas colunas são designadas por colunas homogéneas.

Se a fase estacionária na coluna for um líquido, a coluna é considerada uma coluna ligada.

As colunas aglutinadas contêm uma fase estacionária líquida aglutinada a um suporte sólido, que é também normalmente sílica ou alumina.

O valor da constante C descrito na equação de Van Deemter é proporcional, em HPLC, ao diâmetro das partículas que constituem o material de enchimento da coluna.

## TIPOS DE HPLC:

### 1. HPLC de fase normal

São também conhecidos como cromatografia de fase normal ou de absorção. Este método separa as substâncias a analisar com base na polaridade.

Tem uma fase estacionária polar e uma fase móvel não polar.

Por conseguinte, a fase estacionária é geralmente sílica e as fases móveis típicas são hexano, cloreto de metileno, clorofórmio, éter dietílico e misturas.

A técnica é utilizada para compostos sensíveis à água, isómeros geométricos, isómeros cis-trans, separações de classes e compostos quirais.

## 2. HPLC de fase inversa

A fase estacionária é não polar (hidrofóbica), enquanto a fase móvel é uma fase aquosa, moderadamente polar.

Funciona com base no princípio das interacções hidrofóbicas: assim, quanto mais apolar for o material, mais tempo será retido.

Esta técnica é utilizada para moléculas não polares, polares, ionizáveis e iónicas.

## 3. HPLC de exclusão de tamanho

A coluna é carregada com material com tamanhos de poros definitivamente controlados, e as partículas são isoladas pelo seu tamanho atómico.

Os átomos maiores são rapidamente lavados através da coluna; os átomos mais pequenos entram no interior da permeabilidade das partículas de prensagem e eluem mais tarde.

## 4. HPLC de permuta iónica

A fase estacionária tem uma superfície ionicamente carregada de carga invísivel para as partículas de exemplo.

Esta estratégia é utilizada apenas com amostras iónicas ou ionizáveis. Quanto mais ligada à terra estiver a carga do exemplar, mais ligada à terra será puxada para a superfície iónica e, nesse sentido, mais tempo demorará a eluir.

A fase portátil é um berço de fluido, onde tanto o pH como a qualidade iónica são utilizados para controlar o tempo de eluição.

## 5. HPLC de bioafinidade

Neste tipo de cromatografia, a separação baseia-se na interação reversível das proteínas com os ligandos.

## APLICAÇÃO DA CROMATOGRAFIA LÍQUIDA DE ALTA EFICIÊNCIA (HPLC)

- Análise de medicamentos
- Análise de polímeros sintéticos
- Análise de poluentes em análises ambientais
- Determinação do fármaco em matrizes biológicas
- Isolamento de produtos de valor
- Controlo da pureza e da qualidade dos produtos industriais e da química fina
- Separação e purificação de biopolímeros, tais como enzimas ou ácidos nucleicos
- Purificação da água
- Pré-concentração de componentes vestigiais
- Cromatografia de permuta de ligandos
- Cromatografia de permuta iónica de proteínas
- Cromatografia de permuta aniónica de hidratos de carbono e oligossacáridos com pH elevado.

## VANTAGENS DO HPLC

- O processo altamente preciso de separação de analitos

- Análise de alta resolução e economia de tempo

- eprodutível

- Análise de dados rápida, automatizada e simples

- Análise da amostra em partes por milhão (PPM) NÍVEL

- Colunas reutilizáveis

- Os métodos são robustos

- O tempo de retenção e a área das amostras são exactos

- Atualizável para LC-MS

- HPLC utilizado para uma vasta gama de compostos

- Alta resolução e velocidade de análise

- A coluna HPLC pode ser reutilizada sem reembalagem ou regeneração

- Maior reprodutibilidade devido ao controlo rigoroso dos parâmetros que afectam a eficiência da separação

- Fácil automatização do funcionamento do instrumento e da análise de dados

- Adaptabilidade a um procedimento preparatório em grande escala

## **DESVANTAGENS DO HPLC**

- A HPLC pode ser uma estratégia dispendiosa

- Requer inúmeros produtos orgânicos dispendiosos

- Necessita de um abastecimento de força e é necessário um apoio normal

- Pode ser confuso investigar problemas ou desenvolver novos métodos

- A ausência de um identificador geral para HPLC, no entanto, o localizador UV-Vis identifica apenas os compostos cromóforos

- A divisão em Cromatografia em fase fluida de alta eficiência é menos eficaz do que a GC

- É mais difícil para os principiantes

- O custo do HPLC é inegavelmente mais dispendioso

- Complexidade

- Pouco sensível para alguns compostos

- Compostos irreversivelmente adsorvidos não detectados

- Pode ser complicado resolver problemas ou desenvolver novos métodos

- A fiabilidade do processo da bomba de HPLC depende da limpeza da amostra, da fase móvel e do procedimento de aplicação

- Produzir um fluxo pulsado

## **PROVAS DE RASTREIO**

Os vestígios são criados quando os objectos entram em contacto.

O material é frequentemente transferido por calor ou induzido por fricção de contacto.

A importância das provas vestigiais nas investigações criminais foi demonstrada pelo Dr. Edmond Locard no início do século XX. [th]

Desde então, os cientistas forenses utilizam os vestígios para reconstruir crimes e descrever as pessoas, os locais e os objectos neles envolvidos.

Estudos de homicídios publicados na literatura científica forense mostram como os vestígios são utilizados para resolver crimes.

Os vestígios são importantes na investigação de acidentes, em que o movimento de uma peça contra outra deixa muitas vezes uma marca.

A análise de vestígios é a disciplina da ciência forense que trata das transferências minuciosas de materiais que não podem ser vistas a olho nu.

Os vestígios podem estabelecer uma ligação entre a vítima e um suspeito, uma vítima e um local, ou o suspeito e um local.

Estes vestígios incluem cabelos humanos, cabelos de animais, impressões labiais, manchas de batom, manchas de verniz das unhas, fibras têxteis e tecidos, cordas, solo, vidro e materiais de construção, etc.

O contacto físico entre um suspeito e uma vítima pode resultar na transferência de vestígios de materiais.

Estes exames são efectuados para ajudar na identificação de restos mortais humanos.

As provas de vestígios ajudam a resolver crimes, ligando pessoas, lugares e coisas envolvidas no crime através dos materiais microscópicos que transferem por contacto.

Os vestígios recuperados do local do crime são muito importantes porque podem fornecer pistas importantes para a aplicação da lei.

Pode ajudar não só a identificar um suspeito, mas também a revelar uma forte associação entre o suspeito e o crime.

## **HERBICIDA**

Substância tóxica para as plantas, utilizada para destruir a vegetação indesejável.

Os herbicidas são uma vasta classe de pesticidas utilizados para eliminar plantas incómodas, como gramíneas e ervas daninhas, que podem comprometer o crescimento e o rendimento das culturas desejadas que se encontram nas proximidades.

## **VANTAGENS DOS HERBICIDAS**

1. Baixo custo de desenvolvimento.

2. Baixo custo de aprovação regulamentar.

3. Boa aceitação por parte do público.

4. Gama estreita de hospedeiros.

5. Aprovado para a agricultura biológica.

6. Ainda não há resistência evoluída.

7. Baixa toxicidade para mamíferos e ecotoxicidade.

8. Matam as plantas indesejadas.

9. Ajudam as culturas a crescer, destruindo as ervas daninhas que estão a roubar a água, os nutrientes e a luz solar das culturas.

10. Podem ser utilizados com segurança, ao passo que, nalguns casos, a remoção manual ou mecânica de ervas daninhas pode destruir a cultura.

11. Podem ser utilizados em culturas plantadas de perto, onde não podem ser utilizados outros métodos.

12. Na maior parte das vezes, uma aplicação de herbicidas é suficiente, ao passo que outros métodos têm de ser utilizados continuamente.

13. São fáceis de utilizar.

14. Trabalham depressa.

15. Os herbicidas são relativamente baratos e mais baratos do que a monda manual.

16. Os herbicidas não selectivos podem limpar eficazmente os campos, onde podem ser construídas casas e estradas.

17. Podem destruir as plantas portadoras de doenças.

18. Alguns são biodegradáveis e tornam-se relativamente inofensivos após a decomposição.

## **DESVANTAGENS DOS HERBICIDAS**

1. Alguns herbicidas não são biodegradáveis, sendo herméticos durante um longo período de vida.

2. Todos eles são, pelo menos, ligeiramente tóxicos.

3. Podem causar doenças e mesmo provocar a morte acidental ou suicida.

4. Podem ser transportados para os cursos de água através do escoamento das águas pluviais ou lixiviados para as fontes de água subterrâneas, poluindo-as.

5. Os herbívoros podem comer as plantas tratadas com herbicidas e depois os carnívoros comem os herbívoros. Os herbicidas tóxicos seriam transmitidos ao longo da cadeia alimentar, aumentando a sua preocupação, sendo prejudiciais para esses animais e para o homem.

6. Letalidade em predadores naturais.

7. Contaminação das massas de água.

8. Malformações embrionárias.

9. Perda de imunidade após ingestão de alimentos contaminados com herbicidas.

10. Mau funcionamento do fígado e dos rins.

11. Doenças tóxicas para os animais após exposição direta/resíduos.

12. Toxicidade que provoca a morte dos organismos aquáticos expostos

13. A única grande ameaça para as espécies ameaçadas de extinção.

14. Danos à vida selvagem.

15. Perturbações da reprodução.

16. Induzir a seleção nos micróbios do solo.

17. Toxicidade dos resíduos de herbicidas para as plantas e culturas expostas.

18. Mudanças na flora de ervas daninhas.

19. Resistência de algumas ervas daninhas aos herbicidas.

# <u>EFEITOS SECUNDÁRIOS DOS HERBICIDAS</u>

- Diarreia
- Insuficiência renal
- Dificuldade respiratória
- Cancro
- Náuseas
- Ansiedade
- Coma
- Tonturas
- Dor de cabeça
- Insuficiência hepática
- Fraqueza
- Irritação cutânea
- Irritação ocular
- Irritação no nariz
- Aumentar a saliva
- Queimaduras na boca
- Vómitos
- Irritação na garganta

## PESTICIDAS

Os pesticidas são compostos químicos utilizados para matar pragas, incluindo insectos, roedores, fungos e plantas indesejáveis (ervas daninhas).

Mais de 1000 pesticidas diferentes são utilizados em todo o mundo.

Os pesticidas são utilizados na saúde pública para matar os vectores de doenças, como os mosquitos, e na agricultura para matar as pragas que danificam as culturas.

## VANTAGENS DOS PESTICIDAS

1. Os pestricidas podem ajudar a melhorar o comportamento de crescimento das culturas.

2. Maior rendimento das culturas.

3. Baixa dos preços dos géneros alimentícios.

4. Os pesticidas são fáceis de armazenar.

5. Tecnologia comprovada que funcionou durante muitos anos.

6. Utilização eficiente dos solos.

7. Os pesticidas são bastante caros.

8. Boa disponibilidade em muitos países.

9. Pode ajudar a aumentar a visibilidade.

10. A utilização de pesticidas pode reduzir o trabalho global dos agricultores.

11. Evitar a propagação de doenças através dos mosquitos.

12. Evitar alergias para a população local.

## DESVANTAGENS DOS INSECTICIDAS

Resistência: Quando os insectos são repetidamente expostos aos insecticidas, desenvolvem resistência até que, finalmente, estes têm pouco ou nenhum efeito.

1. A utilização de pesticidas pode levar a uma grave poluição do solo.

2. A poluição das águas subterrâneas é um problema.

3. A polinização pode tornar-se mais difícil.

4. Os pesticidas não são suficientemente selectivos.

5. A genética das plantas pode ser alterada através da utilização de pesticidas.

6. Efeitos adversos para a saúde dos agricultores.

7. As culturas podem ser contaminadas com substâncias nocivas.

8. Muitos agricultores utilizam herbicidas e pesticidas de forma excessiva.

9. Resistência às pragas a longo prazo.

10. Envenenamento por pesticidas.

11. Problemático para a flora e a fauna locais.

## **EFEITOS SECUNDÁRIOS DOS PESTICIDAS**

- Forte dor de cabeça
- Tonturas
- Náuseas
- Convulsões
- Coma
- Irritação cutânea
- Salivação
- Visão turva
- Dor abdominal
- Diarreia
- Náuseas
- Vómitos
- Miosis
- Incoordenação
- Tremores musculares e fala arrastada
- Convulsões
- Hipotonicidade
- Hipertensão

- Depressão cardiorrespiratória
- Tumores cerebrais
- Cancro do pulmão
- Cancro da próstata
- Cancro da mama
- Malformações congénitas
- Distúrbios de aprendizagem
- Asthama
- Doença respiratória
- Linfoma não Hodgkin

## INSECTICIDAS

Os insecticidas são substâncias utilizadas para matar insectos.

Incluem ovicidas e larvicidas utilizados contra ovos e larvas de insectos, respetivamente.

Os insecticidas são utilizados na agricultura, na medicina, na indústria e pelos consumidores.

As substâncias utilizadas para matar os insectos são chamadas insecticidas.

## TIPOS DE INSECTICIDAS

1 Insecticidas orgânicos
2 Insecticidas sintéticos
3 Insecticidas inorgânicos
4 Compostos diversos

## O QUE É O ENVENENAMENTO CRÓNICO POR PESTICIDAS?

Alguns dos efeitos crónicos suspeitos, decorrentes da exposição a determinados pesticidas, incluem defeitos de nascença, produção de tumores, perturbações sanguíneas e efeitos neurotóxicos.

A toxicidade crónica de um pesticida é mais difícil de determinar através de análises laboratoriais do que a toxicidade aguda.

<u>**O QUE É A INTOXICAÇÃO AGUDA POR PESTICIDAS?**</u>

Uma intoxicação aguda por pesticidas é qualquer doença ou efeito para a saúde resultante de uma exposição suspeita ou confirmada a um pesticida num período de 48 horas.

A intoxicação por pesticidas ocorre quando uma pessoa ou um animal é exposto a um pesticida e desenvolve sintomas.

<u>**2,4-D**</u>
<u>**(ácido 2,4-diclorofenoxiacético)**</u>

<u>**INTRODUÇÃO:**</u>

O 2,4-D é um herbicida sistémico comum utilizado no controlo de infestantes de folha larga.
É o herbicida mais utilizado no mundo e o terceiro mais utilizado no Norte. Trata-se de um composto orgânico que é normalmente designado pela designação comum ISO 2,4-D.

Trata-se de um herbicida sistémico que mata a maioria das infestantes de folha larga, provocando o seu crescimento descontrolado, mas a maioria das gramíneas, como os cereais, os relvados e os prados, não é relativamente afetada.

O 2,4-D é um dos herbicidas e desfolhantes mais antigos e mais amplamente disponíveis no mundo, estando disponível comercialmente desde 1945, e é atualmente produzido por muitas empresas químicas, uma vez que a sua patente já expirou há muito tempo.

Pode ser encontrado em numerosas misturas comerciais de herbicidas para relvados e é amplamente utilizado como
um herbicida para eliminar ervas daninhas em culturas de cereais, pastagens e pomares.
Mais de 1 500 produtos herbicidas contêm 2,4-D como ingrediente ativo.

Existe uma diferença fundamental de abordagem entre o toxicologista e o ecotoxicologista no que diz respeito à avaliação da ameaça potencial colocada pelas substâncias químicas.

O toxicologista, porque a sua preocupação é a saúde e o bem-estar humanos, está preocupado com quaisquer efeitos adversos nos indivíduos, quer tenham ou não um efeito final no desempenho ou na sobrevivência.

O ecotoxicologista, pelo contrário, preocupa-se sobretudo com a manutenção dos níveis populacionais dos organismos no ambiente.

Nos testes de toxicidade, está interessado nos efeitos sobre o desempenho dos indivíduos na sua reprodução e sobrevivência apenas na medida em que estes possam, em última análise, afetar a dimensão da população.

## FABRICAÇÃO

O 2,4-D é fabricado a partir do ácido cloroacético e do 2,4-diclorofenol, que por sua vez é produzido por cloração do fenol.

Alternativamente, é produzido pela cloração do ácido fenoxiacético. Os processos de produção podem criar vários contaminantes, incluindo isómeros de di-, tri- e tetraclorodibenzo-p-dioxina e N-nitrosaminas, bem como monoclorofenol.

## MODO DE ACÇÃO

O 2,4-D actua imitando a ação da hormona de crescimento vegetal auxina, que resulta num crescimento descontrolado e, eventualmente, na morte das plantas susceptíveis. É absorvido através das folhas e translocado para os meristemas da planta.

Segue-se um crescimento descontrolado e insustentável, causando o enrolamento do caule, o murchamento das folhas e a eventual morte da planta. O 2,4-D é normalmente aplicado como um sal de amina, mas também existem versões de ésteres mais potentes.

## ABSORÇÃO, ACUMULAÇÃO, ELIMINAÇÃO E BIODEGRADAÇÃO

O 2,4-D não persiste no solo devido à sua rápida degradação.

As propriedades físico-químicas do ácido 2,4-D e as suas formulações têm um efeito importante no seu comportamento nos compartimentos ambientais.

A biodisponibilidade e a absorção pelos organismos aquáticos e terrestres são fortemente influenciadas pelo teor de matéria orgânica dos solos, pela atividade microbiológica e pelas condições ambientais, como a temperatura e o pH.

Embora altamente inconsistentes, os dados sobre a dissipação e a biodisponibilidade em vários solos demonstram uma influência marcada das diferenças na textura e na composição mineral do solo.

Em solos aeróbicos, com um elevado teor de matéria orgânica, e a valores de pH e temperaturas elevados, os efeitos tóxicos são limitados devido à rápida degradação do 2,4-D.

A absorção é seguida de uma rápida excreção na maioria dos organismos. Com exceção de algumas algas, não é de esperar a retenção do 2,4-D pelos organismos no ambiente, devido à sua rápida degradação.

Alguns microrganismos são capazes de utilizar o 2,4-D como única fonte de carbono. A aplicação repetida no solo estimula o número de organismos capazes de degradar o composto.


## TOXICIDADE DOS HERBICIDAS

### TOXICIDADE PARA OS MICRORGANISMOS

De um modo geral, o 2,4-D é relativamente pouco tóxico para a água e para os microrganismos do solo nas taxas de aplicação recomendadas no terreno.

Não se registou qualquer efeito do 2,4-D em 17 géneros de algas de água doce e dois géneros de algas marinhas em concentrações até 222mg/litro.

Não foi observado qualquer efeito do 2,4-D na respiração de solos arenosos, franco-argilosos ou argilosos em concentrações até 200 mg/kg.

A fixação de N pelas algas aquáticas é afetada em concentrações elevadas de ácido 2,4-D (400 mg/litro). O efeito dos ésteres de 2,4-D na fixação de N ocorre a partir de uma concentração de 36 mg/litro. As algas fixadoras de N nos solos superficiais parecem ser mais vulneráveis ao ácido 2,4-D do que outras espécies de algas.

As cianobactérias (algas azuis-verdes) são importantes como a principal fonte de $N_2$ em lagos e solos tropicais.

Na faixa de 25,2 a 50,4 mg/litro, o 2,4-D foi inibitório para todos os tipos de fungos do solo.

A divisão celular foi reduzida numa alga verde pelo 2,4-D a 20 mg/litro e parou a 50 mg/litro. Não foi observado qualquer efeito numa comunidade fitoplanctónica natural após exposição ao 2,4-D a 1 mg/litro.

No entanto, a exposição a ésteres de 2,4-D reduziu a produtividade destes organismos.

### TOXICIDADE PARA OS ORGANISMOS AQUÁTICOS

Com as taxas de aplicação recomendadas, a concentração de 2,4-D na água foi estimada num máximo de 50 mg/litro. A maioria das aplicações conduziria a concentrações na água muito inferiores a este valor (entre 0,1 e 1,0 mg/litro).

Os dados de toxicidade a curto prazo sobre os efeitos do ácido livre 2,4-D, dos seus sais e ésteres em invertebrados aquáticos são extensos. As formulações de ésteres são mais tóxicas do que os ácidos livres ou os sais.

Existem variações de sensibilidade entre espécies em resposta à mesma formulação. Os organismos tornam-se mais sensíveis ao 2,4-D quando a temperatura da água aumenta. Ocorreram problemas de reprodução em concentrações inferiores a 0,1 dos níveis tóxicos a curto prazo determinados para estas formulações.

Os valores $LC_{50}$ para peixes variam consideravelmente. Esta variação deve-se em parte a diferenças na sensibilidade das espécies, na estrutura química (ésteres, sais ou ácido livre) e na formulação do herbicida)

Embora o ácido livre seja a entidade fisiologicamente tóxica, as formulações de ésteres representam um grande perigo para os peixes quando utilizadas diretamente como herbicidas aquáticos (porque são mais facilmente absorvidas pelos peixes). As formulações de sais de amina utilizadas para controlar as ervas daninhas aquáticas não afectam os peixes adultos.

O nível sem efeitos observados (NOEL) varia consoante a espécie e a formulação: menos de 1 mg/litro (salmão-coho) a 50 mg/litro (truta arco-íris).

As larvas de peixe são a fase de vida mais sensível, mas é improvável que sejam afectadas com a utilização normal do herbicida.

Os efeitos adversos a longo prazo nos peixes só são observados em concentrações mais elevadas do que as produzidas após a aplicação de 2,4-D às taxas recomendadas.

Poucos estudos estão relacionados com os efeitos das variáveis ambientais, como a temperatura e a dureza da água, na toxicidade do 2,4-D para os peixes.

É possível que uma temperatura mais elevada aumente a toxicidade. Este facto pode ser considerado ao avaliar a segurança do 2,4-D para os peixes durante o controlo de infestantes aquáticas.

Os peixes só detectam e evitam o 2,4-D em concentrações mais elevadas do que as obtidas em condições normais de utilização.

As larvas de anfíbios são geralmente tolerantes aos sais de amina do 2,4-D. O valor da CL de 96 $horas_{50}$ excede 100 mg/litro. Das espécies testadas, apenas uma foi sensível. Não existe informação disponível sobre o desenvolvimento reprodutivo e a diferenciação ou sobre os níveis nos tecidos.

## TOXICIDADE PARA OS ORGANISMOS TERRESTRES

Com base na utilização generalizada do 2,4-D e das suas formulações, insectos de muitos tipos podem ser expostos ao material. Embora os compostos sejam geralmente classificados como não tóxicos para os insectos benéficos, como as abelhas melíferas e os inimigos naturais das pragas, foram comunicados alguns efeitos adversos nas primeiras fases de vida e nos adultos de alguns insectos.

Os ésteres são menos tóxicos para os insectos do que os sais ou o ácido livre.

As aves, e em especial os ovos das espécies que nidificam no solo, seriam expostas ao 2,4-D após a pulverização.

É também de esperar que os produtos alimentares sejam contaminados pelos herbicidas. No entanto, a maioria dos estudos sobre as aves e os seus ovos foi efectuada com exposições muito superiores às que seriam de esperar no terreno.

Os valores $LD_{50}$ de dosagem oral aguda e de dosagem alimentar a curto prazo indicam uma baixa toxicidade do 2,4-D para as aves. Em estudos a mais longo prazo, só foram registados efeitos em exposições extremamente elevadas (por exemplo, efeitos renais após a dosagem em água potável com concentrações superiores à solubilidade do material).

Não foram registados efeitos nos parâmetros reprodutivos, mesmo com níveis de exposição excessivos.

Um único estudo relatou efeitos adversos nos embriões de ovos de aves pulverizados com 2,4-D.

Muitos estudos efectuados desde então não revelaram efeitos sobre a eclodibilidade dos ovos nem um aumento da incidência de anomalias nos pintos, mesmo após uma exposição muito elevada ao 2,4-D. Outros trabalhos indicam uma penetração muito fraca do herbicida na casca do ovo.

Só se pode concluir que, após uma utilização normal, ou mesmo após uma utilização excessiva de 2,4-D, não haveria qualquer efeito sobre os ovos das aves.

Com base nos dados disponíveis, não se pode fazer qualquer generalização sobre o perigo do 2,3-D para os mamíferos no terreno. Os dados relativos às ratazanas indicam que o herbicida não representa qualquer perigo.

## EFEITOS DO 2,4-D NO CAMPO

Até à data, não foram observados efeitos tóxicos directos, agudos ou a longo prazo, das aplicações de 2,4-D em condições de campo em qualquer espécie animal.

Existem, inevitavelmente, efeitos indirectos resultantes das propriedades herbicidas selectivas pretendidas do composto. Estes efeitos resultariam da utilização de quaisquer herbicidas ou de outros métodos de gestão dos solos.

Haverá, portanto, efeitos para os mamíferos, aves e insectos devido à privação de alimentos, à modificação do habitat, às necessidades de nidificação, de abrigo, etc.

A aplicação de 2,4-D parece ser menos perigosa para a comunidade de artrópodes epígeos benéficos do que o cultivo físico.

Os níveis letais agudos de 2,4-D no plasma parecem situar-se entre 447 mg/litro e 826 mg/litro. Os seus efeitos tóxicos envolvem o coração, o sistema nervoso central e periférico, o fígado, os rins, os músculos, os pulmões e o sistema endócrino e não existe um antídoto específico para o envenenamento por herbicidas 2,4-D.

Danos provocados pelo 2,4-D As folhas com aspeto de concha, torção e cordão de sapato são sintomas comuns de danos provocados pelo 2,4-D e por outros herbicidas fenoxídicos semelhantes.

Desfolhamento. O vírus do mosaico do tabaco e o vírus do mosaico do pepino também podem causar sintomas semelhantes aos dos herbicidas fenoxídicos.

O 2,4-D mata as infestantes de folha larga, mas não a maioria das gramíneas. O 2,4-D mata as plantas fazendo com que as células dos tecidos que transportam água e nutrientes se dividam e cresçam sem parar.

Os herbicidas que actuam desta forma são designados herbicidas do tipo auxina.

## **<u>PROPRIEDADES FÍSICAS DO 2,4-D</u>**

| | |
|---|---|
| Fórmula molecular | $C\ H_{86}\ CL\ O_{23}$ |
| Massa molecular relativa | 221.0 |
| Ponto de fusão | $140 - 141\ C^0$ |
| Solubilidade em água | Ligeiramente solúvel |
| Solubilidade em solvente orgânico | Solúvel |

| Pressão de vapor | 52,3 Pa a 160 C$^0$ |
|---|---|
| $_p$Ka a 25 C $^0$ | 2.64 - 3.31 |

Tabela. 1.1 Propriedades físicas do 2,4-D

## EFEITOS DOS HERBICIDAS NA SAÚDE

Os homens que trabalham com 2,4-D correm o risco de ter esperma com forma anormal e, consequentemente, problemas de fertilidade. O risco depende da quantidade e da duração da exposição e de outros factores pessoais.

### TOXICIDADE AGUDA

De acordo com a Agência de Proteção Ambiental dos EUA, "A toxicidade do 2,4-D depende das suas formas químicas, incluindo sais, ésteres e uma forma ácida.

O 2,4-D tem geralmente baixa toxicidade para os seres humanos, mas certas formas ácidas e salinas podem causar irritação ocular. A natação é proibida durante 24 horas após a aplicação de determinados produtos à base de 2,4-D aplicados no controlo de infestantes aquáticas, para evitar irritações oculares. A partir de 2005, a dose letal média ou LD$_{50}$ determinada em estudos de toxicidade aguda em ratos foi de 639 mg/kg.

A alcalinização urinária tem sido utilizada em intoxicações agudas, mas as provas que sustentam a sua utilização são escassas.

## COMPORTAMENTO AMBIENTAL

Devido à sua longevidade e extensão de utilização, o 2,4-D foi avaliado várias vezes por reguladores e comités de revisão.

Os sais amínicos e os ésteres do 2,4-D não são persistentes na maioria das condições ambientais. A degradação do 2,4-D é rápida em solos minerais aeróbios. O 2,4-D é decomposto por micróbios no solo, em processos que envolvem hidroxilação, clivagem da cadeia lateral ácida, descarboxilação e abertura do anel. A forma etil-hexil dos compostos é rapidamente hidrolisada no solo e na água para formar o ácido 2,4-D.

O 2,4-D tem uma baixa afinidade de ligação em solos minerais e sedimentos e, nessas condições, é considerado de mobilidade intermédia a elevada, pelo que é suscetível de lixiviar se não for degradado.

Em ambientes aquáticos aeróbios, a meia-vida é de 15 dias. Em ambientes aquáticos anaeróbios, o 2,4-D é mais persistente, com uma meia-vida de 41 a 333 dias.

O 2,4-D foi detectado em cursos de água e em águas subterrâneas pouco profundas em baixa concentração, tanto em zonas rurais como urbanas.

A decomposição depende do p H. Algumas formas de éster são altamente tóxicas para os peixes e outros organismos aquáticos. As formas de éster do 2,4-D podem ser altamente tóxicas para os peixes e outros organismos aquáticos. O 2,4-D tem geralmente uma toxicidade moderada para os peixes e invertebrados aquáticos e é praticamente não tóxico para as abelhas, de acordo com a EPA.

## **APLICAÇÕES**

- O 2,4-D é utilizado principalmente como herbicida seletivo que mata muitas infestantes terrestres e aquáticas de folha larga, mas não gramíneas.

- Como foi descoberto nos anos 40, a patente já não regula o fabrico e a venda do 2,4-D e qualquer empresa é livre de o produzir.

- Assim, é vendido em várias formulações sob uma grande variedade de nomes de marcas.

- O 2,4-D pode ser encontrado em misturas de herbicidas para relvados comerciais, que contêm frequentemente outros ingredientes activos, incluindo mecoprop e dicamba.

- Mais de 1 500 produtos herbicidas contêm 2,4-D como ingrediente ativo.

- Uma grande variedade de sectores utiliza produtos que contêm 2,4-D para matar ervas daninhas e vegetação indesejada. Na agricultura, foi o primeiro herbicida que se descobriu ser capaz de matar seletivamente as ervas daninhas, mas não as culturas.

- Foi utilizado em 1945 para controlar as infestantes de folha larga em pastagens, pomares e culturas de cereais como o milho, a aveia, o arroz e o trigo.

- Os cereais, em particular, têm uma excelente tolerância ao 2,4-D quando este é aplicado antes da plantação. O 2,4-D é a forma mais barata de os agricultores controlarem as infestantes anuais de inverno através da pulverização no outono, muitas vezes à taxa mais baixa recomendada. Isto é particularmente eficaz antes da plantação de feijão, ervilha, lentilha e grão-de-bico.

- A utilização estimada de 2,4-D na agricultura dos EUA é cartografada pelo Serviço Geológico dos EUA.

- Em 2019, a última data para a qual existem dados disponíveis, este valor atingiu 45 000 000 libras por ano.

- Na manutenção de relvados e jardins domésticos, o 2,4-D é normalmente utilizado para o controlo de ervas daninhas em relvados e outros tipos de relva. É utilizado para matar ervas daninhas indesejadas, como dentes-de-leão, plátanos, trevo e erva-de-bico. Na silvicultura, é utilizado para o tratamento de cepos, injeção de troncos e controlo seletivo de arbustos em florestas de coníferas.

- Ao longo das estradas, caminhos-de-ferro e linhas eléctricas, é utilizado para controlar as ervas daninhas e os arbustos que podem interferir com o funcionamento seguro e danificar o equipamento.

- Ao longo dos cursos de água, é utilizado para controlar as ervas daninhas aquáticas que podem interferir com a navegação, a pesca e a natação ou obstruir a irrigação e o equipamento hidroelétrico.

- É frequentemente utilizado por agências governamentais para controlar a propagação de espécies de ervas daninhas invasoras, nocivas e não nativas e impedir que estas se sobreponham às espécies nativas, e também para controlar muitas ervas daninhas venenosas, como a hera venenosa e o carvalho venenoso.

- Um estudo de monitorização de 2010 realizado nos EUA e no Canadá concluiu que "as exposições actuais ao 2,4-D estão abaixo dos valores de orientação de exposição aplicáveis".

- O 2,4-D tem sido utilizado em laboratórios de investigação vegetal como suplemento em meios de cultura de células vegetais, como o meio MS, pelo menos desde 1962.

- O 2,4-D é utilizado em culturas de células vegetais como hormona de desdiferenciação (indução de calos). É classificado como um derivado da hormona vegetal auxina.

# Revisão da biomonitorização e da epidemiologia do ácido 2,4-diclorofenoxiacético (2,4-D)



**Autores:** Carol J. Burns e Gerard M. H. Swaen



## Resumo



É apresentada uma revisão qualitativa da literatura epidemiológica sobre o herbicida ácido 2,4-diclorofenoxiacético (2,4-D) e a saúde após 2001. A fim de comparar a exposição da população em geral, dos transeuntes e dos grupos profissionais, os seus níveis urinários foram também analisados.

Na população em geral, a exposição ao 2,4-D está ao nível ou próximo do nível de deteção (LOD). Entre os indivíduos com exposição indireta, ou seja, transeuntes, os níveis urinários de 2,4-D também foram muito baixos, exceto nos indivíduos com oportunidade de contacto direto com o herbicida.

A exposição profissional, onde a exposição era mais elevada, estava positivamente correlacionada com comportamentos relacionados com o processo de mistura, carregamento e aplicação e com a utilização de proteção pessoal.

As informações provenientes dos estudos de biomonitorização aumentam a nossa compreensão da validade das estimativas de exposição utilizadas nos estudos epidemiológicos. A literatura epidemiológica sobre o 2,4-D após 2001 é vasta e inclui estudos sobre o cancro, a toxicidade reprodutiva, a genotoxicidade e a neurotoxicidade.

Em geral, algumas publicações relataram associações estatisticamente significativas.

No entanto, a maioria carece de precisão e os resultados não são reproduzidos noutros estudos independentes.

No contexto da biomonitorização, os dados epidemiológicos não fornecem provas convincentes ou consistentes de qualquer efeito adverso crónico do 2,4-D nos seres humanos.



## 1.2

# Revisão da Epidemiologia e Toxicologia do Ácido 2,4-Diclorofenoxiacético (2,4-D)

## Autor: David H Garabrant , Martin A Philbert

### Resumo


Foram analisadas as provas científicas em humanos e animais relevantes para os riscos de cancro, doenças neurológicas, riscos reprodutivos e imunotoxicidade do 2,4-D.

Apesar de vários estudos exaustivos in vitro e in vivo em animais, não existem provas experimentais que apoiem a teoria de que o 2,4-D ou qualquer um dos seus sais e ésteres danifica o ADN em condições fisiológicas.

Estudos realizados em roedores demonstram a ausência de efeitos oncogénicos ou carcinogénicos após a administração de 2,4-D durante toda a vida. Os estudos epidemiológicos fornecem poucas provas de que a exposição ao 2,4-D esteja associada a sarcoma dos tecidos moles, linfoma não Hodgkin, doença de Hodgkin ou qualquer outro tipo de cancro.

Em geral, as provas disponíveis de estudos epidemiológicos não são adequadas para concluir que qualquer forma de cancro está causalmente associada à exposição ao 2,4-D. Não existem provas humanas de resultados adversos na reprodução relacionados com o 2,4-D. Os dados disponíveis de estudos em animais sobre a exposição aguda, subcrónica e crónica ao 2,4-D, aos seus sais e ésteres mostram uma ausência inequívoca de toxicidade sistémica em doses que não excedem os mecanismos de depuração renal.

Não há provas de que o 2,4-D, em qualquer das suas formas, active ou transforme o sistema imunitário dos animais, seja qual for a dose. Em doses elevadas, o 2,4-D danifica o fígado e os rins e irrita as membranas mucosas.

Embora se observem miotonia e alterações na marcha e nos índices comportamentais após doses avassaladoras de 2,4-D, não se observam alterações no sistema neurológico de animais experimentais com a administração de doses na gama dos microgramas/kg/dia.

É pouco provável que o 2,4-D tenha qualquer potencial neurotóxico em doses inferiores às necessárias para induzir toxicidade sistémica.

# 1.3

# Análise das tendências globais e das lacunas nos estudos sobre a toxicidade do herbicida 2,4-D: Uma revisão cienciométrica

**Autor :** Natana Raquel Zuanazzi , Nédia de Castilhos Ghisi , Elton Celton Oliveira

## Resumo

O ácido 2,4-diclorofenoxiacético (2,4-D) é um herbicida utilizado em todo o mundo em actividades agrícolas e urbanas para controlar pragas, atingindo direta ou indiretamente os ambientes naturais.

A investigação sobre a toxicologia e a mutagenicidade do 2,4-D tem avançado rapidamente e, por esta razão, esta revisão resume os dados disponíveis na Web of Science (WoS) para fornecer informações sobre as características específicas da toxicidade e mutagenicidade do 2,4-D.

Ao contrário das revisões tradicionais, este estudo utiliza um novo método para visualizar e resumir quantitativamente a informação sobre o desenvolvimento deste campo. Entre todos os países, os EUA foram o contribuinte mais ativo, com maior publicação e centralidade, seguidos do Canadá e da China.

As categorias WoS "Toxicologia" e "Bioquímica e Biologia Molecular" foram as áreas de maior influência. A investigação sobre o 2,4-D esteve fortemente relacionada com as palavras-chave glifosato, atrazina, água e expressão genética.

Os estudos tenderam a centrar-se no risco ocupacional, na neurotoxicidade, na resistência ou tolerância aos herbicidas, nas espécies não visadas (especialmente as aquáticas) e no imprinting molecular. Em geral, os autores têm trabalhado em colaboração, com esforços concentrados, permitindo avanços importantes neste domínio.

A investigação futura sobre a toxicologia e a mutagenicidade do 2,4-D deverá provavelmente centrar-se na biologia molecular, especialmente na expressão genética, na avaliação da exposição em bioindicadores humanos ou outros vertebrados e em estudos de degradação de pesticidas.

Em resumo, esta análise cientométrica permitiu-nos fazer inferências sobre as tendências globais em matéria de toxicologia e mutagenicidade do 2,4-D, a fim de identificar tendências e lacunas e, assim, contribuir para futuros esforços de investigação.

# 1.4

## Passado, presente e futuro do 2,4-D: Uma revisão

**Publicado online pela Cambridge University Press:  20 de janeiro de 2017**

**Autor :** Mark A. Peterson, Steve A. McMaster, Dean E. Riechers, Josh Skelton

### Abstenção

Desde a sua descoberta e comercialização inicial na década de 1940, o 2,4-D tem sido uma ferramenta importante para o controlo de ervas daninhas numa grande variedade de utilizações agrícolas e não agrícolas. Os trabalhos que estudaram a sua química, fisiologia, modo de ação, toxicologia, comportamento ambiental e eficácia não só ajudaram a elucidar as características do 2,4-D como também forneceram métodos básicos que foram utilizados para investigar as propriedades de centenas de herbicidas que o seguiram.

Muita da informação publicada pelos investigadores há mais de 60 anos continua a ser pertinente para compreender o desempenho do 2,4-D atualmente. Além disso, continuam a ser publicados novos estudos, especialmente no que se refere aos mecanismos de ação do 2,4-D a nível molecular. Continuam a ser desenvolvidas novas utilizações do 2,4-D, por vezes possibilitadas pela biotecnologia.

Esta análise procura fornecer uma compreensão global da atividade do 2,4-D nas plantas, da sensibilidade das plantas ao 2,4-D, dos impactos toxicológicos e das utilizações actuais e futuras.

# 1.5

## Associação entre o aumento da utilização agrícola do 2,4-D e os biomarcadores de exposição da população: resultados do Inquérito Nacional de Saúde e Nutrição, 2001-2014

**Autor :**

- Marlaina S. Freisthler,
- C. Rebecca Robbins,
- Charles M. Benbrook,
- Heather A. Young,
- David M. Haas,
- Paul D. Winchester &
- Melissa J. Perry

# **Resumo**

### Antecedentes

O ácido 2,4-diclorofenoxiacético (2,4-D) é um dos herbicidas mais utilizados nos Estados Unidos. Em 2012, o 2,4-D foi o herbicida mais utilizado em contextos não agrícolas e o quinto pesticida mais aplicado no sector agrícola dos EUA. O objetivo deste estudo foi examinar as tendências nas concentrações de biomarcadores urinários de 2,4-D para determinar se o aumento da aplicação de 2,4-D na agricultura está associado a aumentos nos níveis de biomonitorização de 2,4-D na urina.

### Métodos

Foram utilizados dados do National Health and Nutrition Examination Survey (NHANES) com medições disponíveis do biomarcador 2,4-D na urina de ciclos de pesquisa entre 2001 e 2014. Os valores de 2,4-D na urina foram dicotomizados usando o maior limite de deteção (LOD) em todos os ciclos (0,40 µg/L ou 0,4 ppb). A utilização agrícola de 2,4-D foi estimada através da compilação de dados de aplicação de pesticidas federais e privados disponíveis ao público. Foram montados modelos de regressão logística ajustados para factores de confusão para avaliar a associação entre a utilização agrícola de 2,4-D e o nível de 2,4-D na urina acima do limiar de dicotomização.

### Conclusões

A utilização agrícola de 2,4-D aumentou substancialmente desde um ponto baixo em 2002 e prevê-se que continue a aumentar na próxima década. Dado que o aumento da utilização é suscetível de aumentar as exposições a nível da população, as associações aqui observadas entre a aplicação de 2,4-D nas culturas e os níveis de biomonitorização exigem uma biomonitorização e uma avaliação epidemiológica específicas para determinar em que medida o aumento da utilização e das exposições causa resultados adversos para a saúde entre as populações vulneráveis (em especial crianças e mulheres em idade fértil) e os indivíduos altamente expostos (agricultores, outros aplicadores de herbicidas e respectivas famílias).

### Resultados

Dos 14.395 participantes incluídos no estudo, 4681 (32,5%) tinham níveis de 2,4-D na urina acima do limiar de dicotomização. A frequência de participantes com níveis elevados de 2,4-D aumentou significativamente ($p < .0001$), de um mínimo de 17,1% em 2001-2002 para um máximo de 39,6% em 2011-2012. A probabilidade ajustada de altas concentrações urinárias de 2,4-D associadas ao uso agrícola de 2,4-D (por dez milhões de libras aplicadas) foi de 2,268 (IC 95%: 1,709, 3,009). As crianças com idades compreendidas entre os 6 e os 11 anos ($n = 2288$) tinham 2,1 vezes mais probabilidades de ter concentrações urinárias elevadas de 2,4-D do que os participantes com idades compreendidas entre os 20 e os 59 anos. As mulheres em idade fértil (20-44 anos) ($n = 2172$) tinham uma probabilidade 1,85 vezes superior à dos homens da mesma idade.

## 1.6

## Toxicidade do ácido 2,4-diclorofenoxiacético - Mecanismos moleculares.

**Autor :** B. Bukowska

## Abstenção

O ácido 2,4-diclorofenoxiacético (2,4-D) é um herbicida comummente utilizado na agricultura.

Os resíduos de 2,4-D estão presentes no ar, na água, no solo e nos alimentos. Constitui um perigo real para a saúde humana e animal, uma vez que foram registados numerosos acidentes com mortes por envenenamento causadas por este herbicida.

No entanto, o mecanismo molecular da sua ação é ainda desconhecido. O ponto de vista relativo à ação tóxica do ácido 2,4-diclorofenoxiacético tem vindo a evoluir há décadas e considera-se agora que o 2,4-D também induz reacções de radicais livres que conduzem a numerosas alterações não benéficas nos tecidos. O aumento dos níveis de radicais livres provoca danos no ADN e, consequentemente, a morte celular (no processo apoptótico).

Sugere-se também que o 2,4-D causa apoptose celular em resultado da alteração do potencial de membrana nas mitocôndrias e inicia reacções dependentes da caspase. Há muitos anos que se discute a mutagenicidade do 2,4-D e agora muitas investigações documentadas realizadas a partir de 2000 provaram inequivocamente a sua ação mutagénica.

A mutagenicidade do 2,4-D diz respeito à recombinação homóloga, à mutação A$\rightarrow$G, às aberrações cromossómicas, à troca de cromátides irmãs e aos danos no ADN, bem como a um aumento da frequência de quebras da cadeia de ADN.

Este documento apresenta dados da literatura (especialmente os mais recentes, publicados desde 2000) que se referem à capacidade peroxidativa do 2,4-D, à formação de radicais livres, à indução de apoptose, à atividade genotóxica e à adaptação das células e organismos à sua ação.

# 1.7

# DESENVOLVIMENTO E VALIDAÇÃO DE MÉTODOS HPLC: UMA REVISÃO

## Autores:


Md. Anwarul Azim, Mitra Moloy,


## Resumo


A cromatografia líquida de alta resolução (HPLC) é uma ferramenta analítica essencial na avaliação de produtos farmacêuticos. Os métodos de HPLC devem ser capazes de separar, detetar e quantificar os vários fármacos e os degradantes relacionados com os fármacos que se podem formar durante o armazenamento ou o fabrico, detetar e quantificar quaisquer fármacos e impurezas relacionadas com os fármacos que possam ser introduzidos durante a síntese.

A validação é o processo de estabelecer as características de desempenho e as limitações de um método e de identificar as influências que podem alterar essas características e em que medida.

Este artigo aborda as estratégias e as questões pertinentes para a conceção do desenvolvimento e validação de métodos de HPLC.


## AIM

Investigação do herbicida 2,4-D utilizando o método HPLC.

## ÂMBITO DE APLICAÇÃO

Esta investigação será útil nos processos penais em que herbicidas, pesticidas e insecticidas são recuperados como prova em casos de suicídio e homicídio. Esta investigação ajuda a comparar as provas de herbicidas e pesticidas com uma amostra padrão.

# CAPÍTULO:2
# RECOLHA DE AMOSTRAS

# Material necessário:

- Amostra
- Copo
- Frascos de vidro
- Injetor de amostras
- Válvula
- Coluna analítica
- Reservatórios de solventes
- Fase móvel
- Dtector
- Reservatório de resíduos

## RECOLHA DE AMOSTRAS

Seis amostras de herbicidas 2,4-D recolhidas em diferentes lojas de agricultura de Bharuch.

Esta amostra é examinada pelo método HPLC e comparada com a amostra padrão.

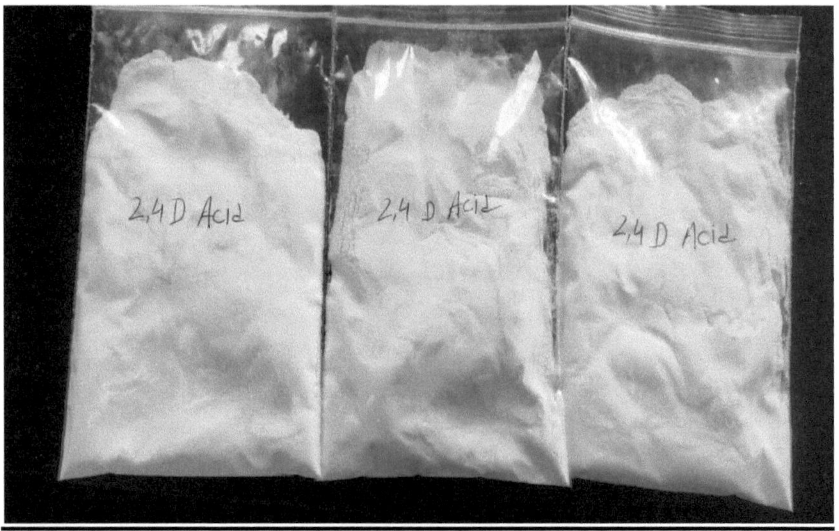


**Fig. 2.1.  Amostra de 2, 4-D: A, B, C**

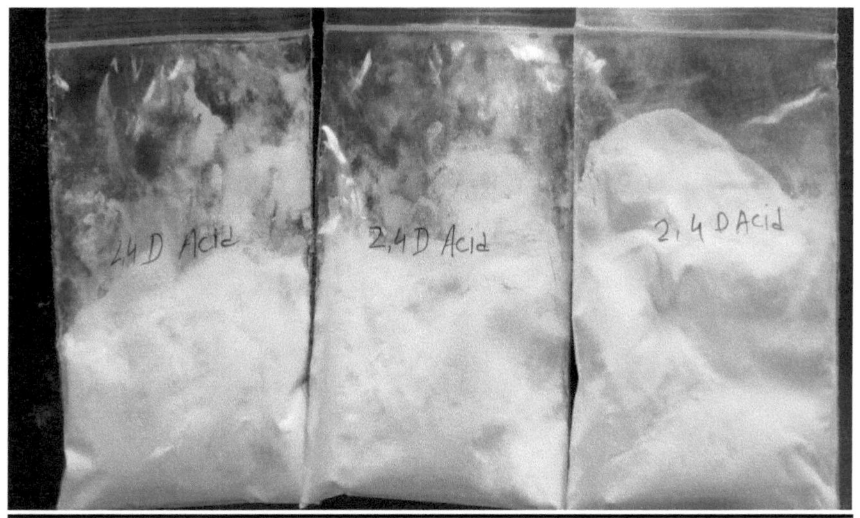


**Fig. 2.2. Amostra 2, 4-D: D, E, F**

## ETIQUETAS DE AMOSTRA

Se eu pegar em seis amostras diferentes de 2,4-D e lhes der A, B, C, D, E, F.... rótulos

# CAPÍTULO:3
# METODOLOGIA

# **METODOLOGIA**

A HPLC é um processo de separação de componentes numa mistura líquida. Uma amostra líquida é injectada numa corrente de solvente (fase móvel) que flui através de uma coluna com um meio de separação (fase estacionária).

## **Tipos de amostras:**

- Orgânico
- Inorgânicos

Divide-se ainda em:
- Sólidos, semi-sólidos
- Líquido
- Gases

## **Procedimento:**

1. Preparação da fase móvel
2. Criar as soluções de componentes
3. Realização das 7 soluções padrão
4. Verificação da configuração inicial do sistema hplc
5. Injeção manual da amostra e recolha de dados
6. Cálculos

## **Requisitos:**

Acetonitrilo de grau HPLC.

Água de HPLC

Ácido fosfórico

Padrão ácido de 2,4-D de pureza conhecida

4-Bromofenol

## **Eluentes:**

Acetonitrilo: Água (40:60), adicionar ácido fosfórico para ajustar o PH. 2.90

**Parâmetros de funcionamento da HPLC.**


Coluna

Tipos: ZORBAX Eclipse XBD-C18
Comprimento: 250 mm
D.I.: 4,6 mm
Espessura da película: 5 µm

Tempo total de funcionamento

Tempo: 25mm

Detetor

Tipo: DAD/UV

Fase móvel

Mistura: Tampão: Acetonitrilo (60:40 )

Caudal

Por minuto: 1,0 ml

Tempo de retenção

Amostra: 11,8 a 12,8 min


**Preparação do tampão:**

➤ Colocar 600 ml de água de HPLC num copo de 1000 ml.
➤ Adicionar ácido fosfórico para ajustar o pH a 2,90.

**Preparação do padrão interno:**

➤ Pesar com exatidão 4 gm, padrão interno [ 4-bromofenol] em balão volumétrico de
1 litro. balão volumétrico de 1 litro.

➢ Adicionar 400 a 500 ml de eluente, sonicar durante 1 min. e completar o volume com eluente até à marca.

**Preparação standard :**

Pesar com exatidão 0,30 gm. Padronizar o ácido 2,4-D num balão volumétrico de 100 ml, adicionar 40 a 50 ml de eluente e sonicar durante 1 min. Em seguida, adicionar 25 ml de solução de padrão interno e completar o volume com eluente até à marca.

**Preparação da amostra:**

Pesar exatamente 0,30 g de amostra de ácido 2,4-D num balão volumétrico de 100 ml. Adicionar 40 a 50 ml de eluente e sonicar durante 1 min. Adicionar 25 ml de solução de padrão interno e completar o volume com eluente até à marca.

**Determinação:**

Primeiro, purgar o eluente durante 2-3 minutos. Após a purga, ligar a bomba se o instrumento estiver estável até à linha de base zero e, em seguida, transferir uma porção de cerca de 2,0 ml da amostra e da solução padrão para os frascos do amostrador. Colocar os frascos no amostrador automático.

Em seguida, iniciar Blank → Std 1 →Std 2→Sample na sequência

**Cálculo do pico:**

**Fórmula**

$$RF = \frac{\text{Área do Std.} \times 100}{\text{Área do Std interno} \times \text{Peso do Std} \times \text{Pureza do Std.}}$$

$$\text{2,4-D Ácido\%} = \frac{\text{Área da amostra} \times 100}{\text{Área do padrão interno} \times \text{Peso da amostra} \times RF}$$

**Fig. 3.1 Fase móvel em frascos de vidro**


Preparo 6 amostras diferentes de 2,4-D e encho os frascos de vidro com a fase móvel (acetonitíca) e injeto a amostra na fase móvel e flui através da fase estacionária.

**Fig. 3.2 Frascos de vidro cheios com fase móvel e colocados numa câmara de HPLC**

Depois de preparar a amostra de 2,4-D, injetar a amostra em frascos de vidro, colocar todos os frascos de vidro numa câmara de HPLC.

Uma amostra líquida é injectada numa corrente de solvente (fase móvel) que flui através de uma coluna com um meio de separação (fase estacionária)

**Fig. 3.3 Instrumento de HPLC com frascos de vidro**

## <u>RÓTULOS DE AMOSTRA:</u>

As seis amostras estão identificadas com o alfabeto A, B, C, D, E, F....

## <u>Observação das três primeiras amostras</u>

### Amostra - A

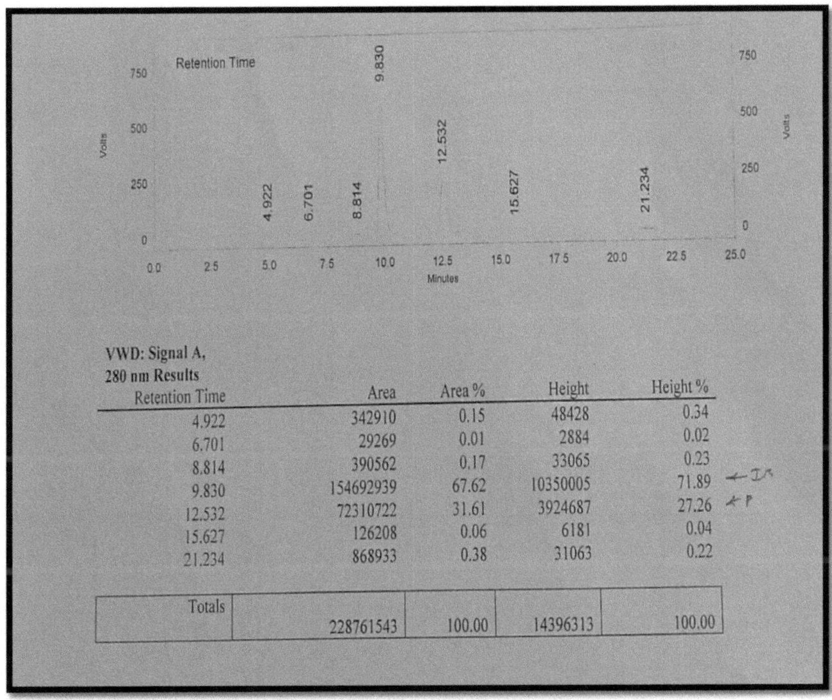


VWD: Signal A,
280 nm Results

| Retention Time | Area | Area % | Height | Height % |
|---|---|---|---|---|
| 4.922 | 342910 | 0.15 | 48428 | 0.34 |
| 6.701 | 29269 | 0.01 | 2884 | 0.02 |
| 8.814 | 390562 | 0.17 | 33065 | 0.23 |
| 9.830 | 154692939 | 67.62 | 10350005 | 71.89 |
| 12.532 | 72310722 | 31.61 | 3924687 | 27.26 |
| 15.627 | 126208 | 0.06 | 6181 | 0.04 |
| 21.234 | 868933 | 0.38 | 31063 | 0.22 |
| Totals | 228761543 | 100.00 | 14396313 | 100.00 |

**Fig. 3.4 Observação da amostra - A**

Aqui observo que o primeiro pico é do padrão interno e o segundo pico é do ácido 2,4-D.

### Amostra - B

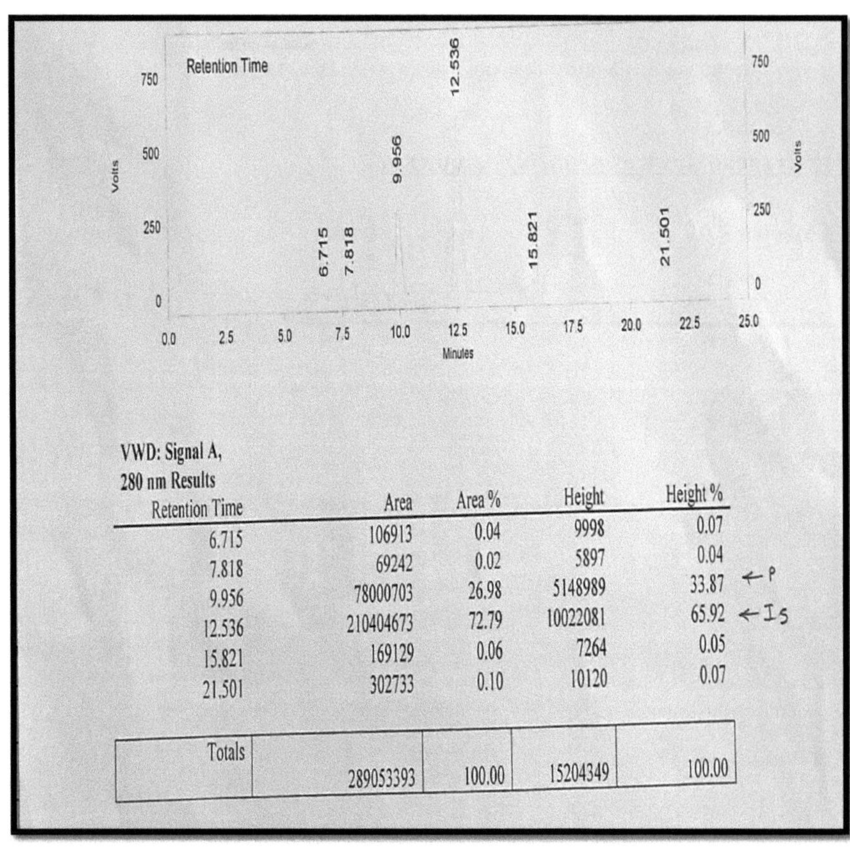


VWD: Signal A,
280 nm Results

| Retention Time | Area | Area % | Height | Height % | |
|---|---|---|---|---|---|
| 6.715 | 106913 | 0.04 | 9998 | 0.07 | |
| 7.818 | 69242 | 0.02 | 5897 | 0.04 | |
| 9.956 | 78000703 | 26.98 | 5148989 | 33.87 | ← P |
| 12.536 | 210404673 | 72.79 | 10022081 | 65.92 | ← Is |
| 15.821 | 169129 | 0.06 | 7264 | 0.05 | |
| 21.501 | 302733 | 0.10 | 10120 | 0.07 | |
| Totals | 289053393 | 100.00 | 15204349 | 100.00 | |

**Fig. 3.5 Observação da amostra - B**

Neste caso, observo que o pico do padrão interno é mais baixo do que o pico do ácido 2,4-D.

**Amostra - C**

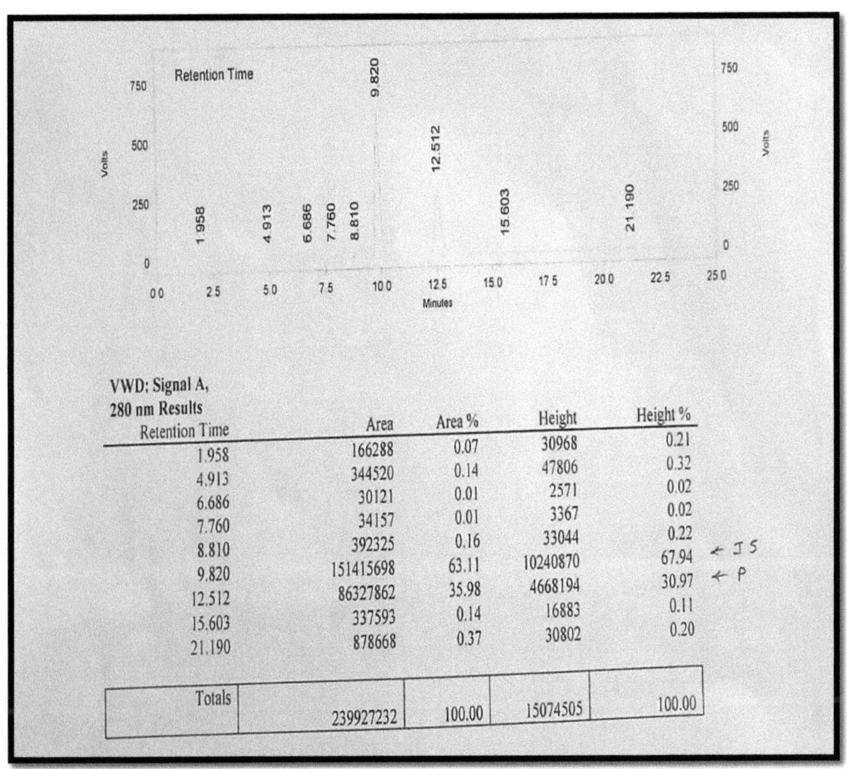



VWD: Signal A,
280 nm Results

| Retention Time | Area | Area % | Height | Height % |
|---|---|---|---|---|
| 1.958 | 166288 | 0.07 | 30968 | 0.21 |
| 4.913 | 344520 | 0.14 | 47806 | 0.32 |
| 6.686 | 30121 | 0.01 | 2571 | 0.02 |
| 7.760 | 34157 | 0.01 | 3367 | 0.02 |
| 8.810 | 392325 | 0.16 | 33044 | 0.22 |
| 9.820 | 151415698 | 63.11 | 10240870 | 67.94 ← I S |
| 12.512 | 86327862 | 35.98 | 4668194 | 30.97 ← P |
| 15.603 | 337593 | 0.14 | 16883 | 0.11 |
| 21.190 | 878668 | 0.37 | 30802 | 0.20 |
| Totals | 239927232 | 100.00 | 15074505 | 100.00 |

**Fig. 3.6 Observação da amostra - C**

Aqui observo que o pico do padrão interno é mais elevado do que o do ácido 2,4-D.

**Amostra - D**

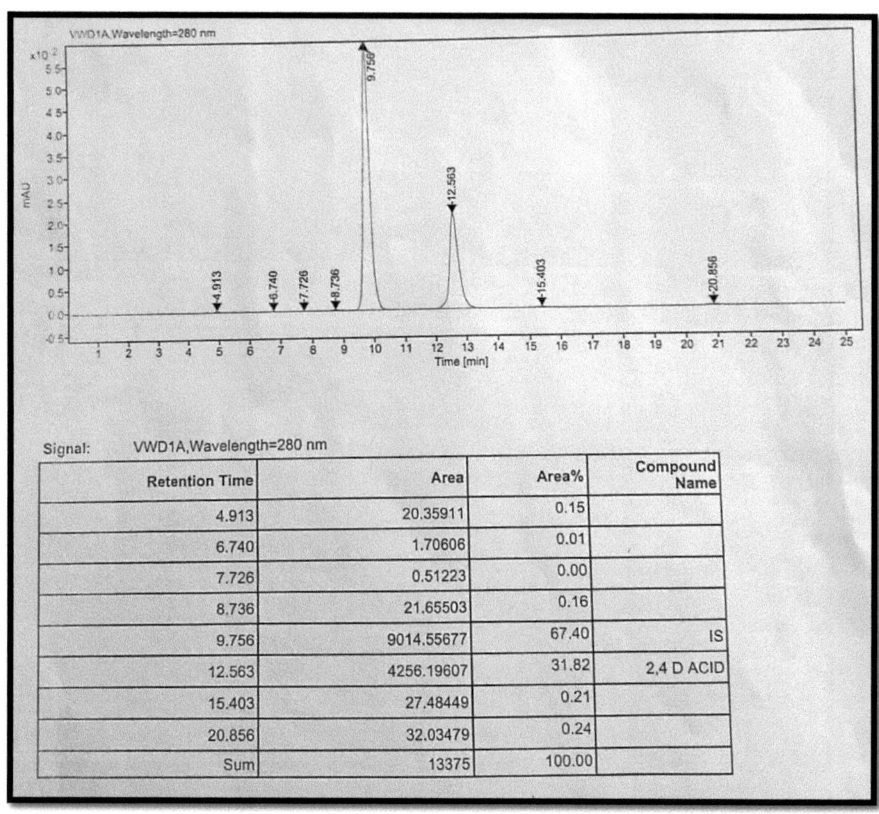



| Retention Time | Area | Area% | Compound Name |
|---|---|---|---|
| 4.913 | 20.35911 | 0.15 | |
| 6.740 | 1.70606 | 0.01 | |
| 7.726 | 0.51223 | 0.00 | |
| 8.736 | 21.65503 | 0.16 | |
| 9.756 | 9014.55677 | 67.40 | IS |
| 12.563 | 4256.19607 | 31.82 | 2,4 D ACID |
| 15.403 | 27.48449 | 0.21 | |
| 20.856 | 32.03479 | 0.24 | |
| Sum | 13375 | 100.00 | |

**Fig. 3.7 Observação da amostra - D**

Aqui observo que o primeiro pico é do padrão interno e o segundo pico é do ácido 2,4-D e o pico do padrão interno é muito mais elevado do que o pico do ácido 2,4-D.

**Amostra - E**

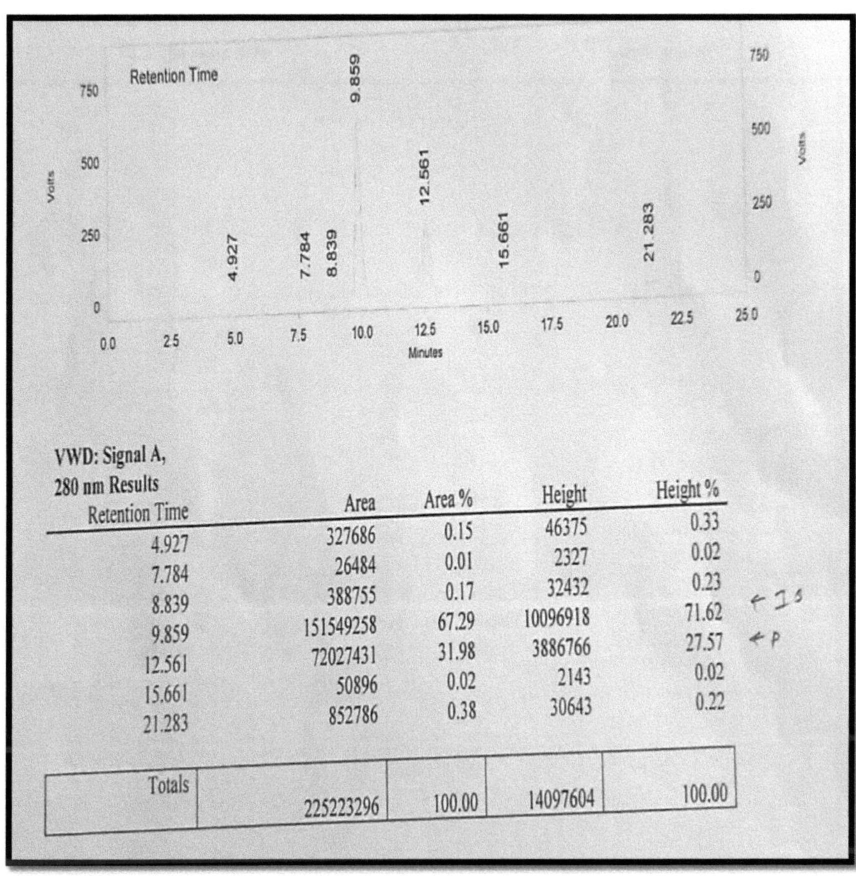

**Fig. 3.8 Observação da amostra - E**

Neste caso, observo que o pico do padrão interno é mais elevado do que o pico do ácido 2,4-D.

**Amostra - F**

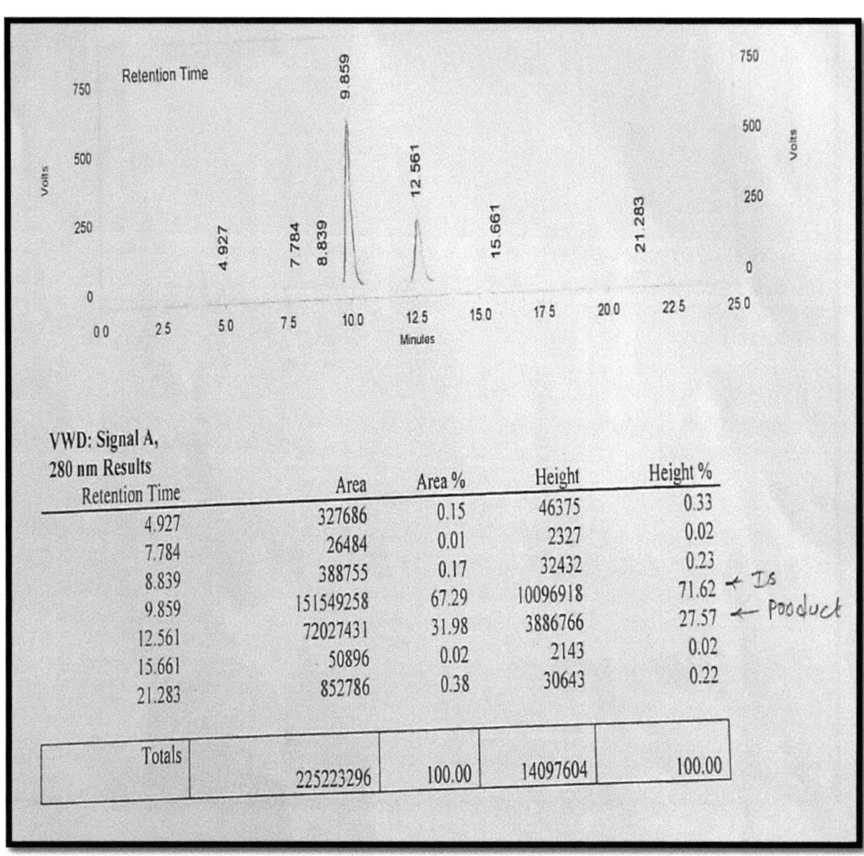



VWD: Signal A,
280 nm Results

| Retention Time | Area | Area % | Height | Height % | |
|---|---|---|---|---|---|
| 4.927 | 327686 | 0.15 | 46375 | 0.33 | |
| 7.784 | 26484 | 0.01 | 2327 | 0.02 | |
| 8.839 | 388755 | 0.17 | 32432 | 0.23 | |
| 9.859 | 151549258 | 67.29 | 10096918 | 71.62 | ← Is |
| 12.561 | 72027431 | 31.98 | 3886766 | 27.57 | ← Pooduct |
| 15.661 | 50896 | 0.02 | 2143 | 0.02 | |
| 21.283 | 852786 | 0.38 | 30643 | 0.22 | |
| Totals | 225223296 | 100.00 | 14097604 | 100.00 | |

**Fig. 3.9 Observação da amostra - F**

Aqui eu disse que o pico do padrão interno é mais alto do que o do ácido 2,4-D.

**Observação da amostra padrão**

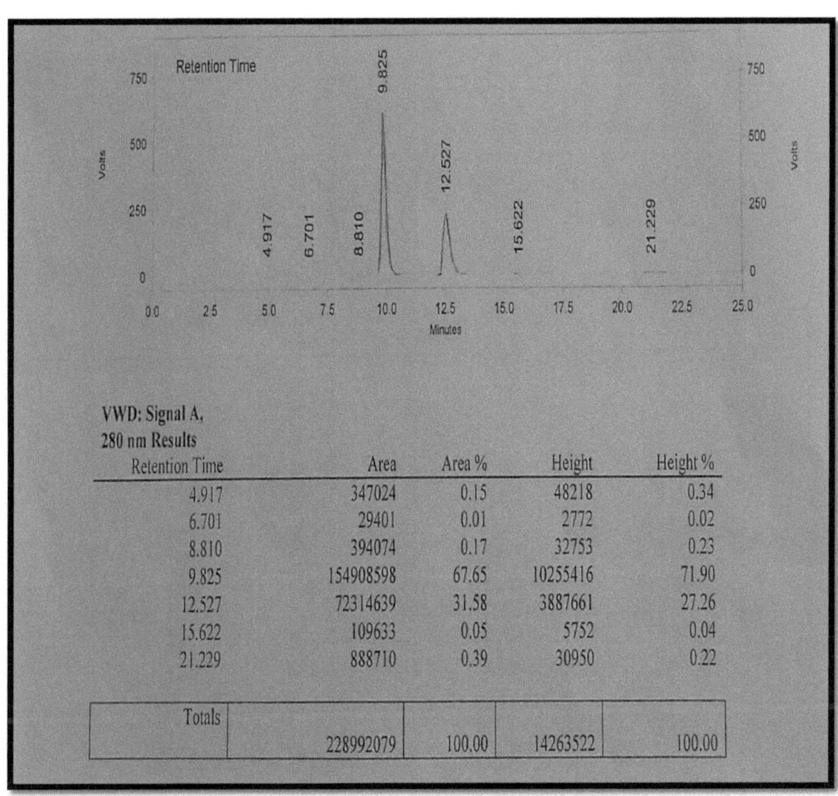

**Fig. 3.10 Observação da amostra padrão**

O padrão interno é superior ao ácido 2,4-D.

# CÁLCULO

**Para amostra - A**

$$RF = \frac{\text{Área do Std.} \times 100}{\text{Área do Std interno} \times \text{Peso do Std} \times \text{Pureza do Std.}}$$

$$RF = \frac{72314639 \times 100}{154908598 \times 0.0246 \times 98.30}$$

$$RF = 19{,}3047$$

$$\text{2,4-D Ácido\%} = \frac{\text{Área da amostra} \times 100}{\text{Área do padrão interno} \times \text{Peso da amostra} \times RF}$$

$$\text{Amostra \%} = \frac{72310722 \times 100}{154692939 \times 0.0497 \times 19.3047}$$

$$= 48.72\%$$

<u>**Para a amostra - B**</u>

$$RF = \frac{\text{Área do Std.} \times 100}{\text{Área do Std interno} \times \text{Peso do Std} \times \text{Pureza do Std.}}$$

$$RF = \frac{72314639 \times 100}{154908598 \times 0.0246 \times 98.30}$$

$$RF = 19{,}3047$$

$$2{,}4\text{-D Ácido\%} = \frac{\text{Área da amostra} \times 100}{\text{Área do padrão interno} \times \text{Peso da amostra} \times RF}$$

$$\text{Amostra \%} = \frac{78000703 \times 100}{210404673 \times 0.0497 \times 19.3047}$$

$$= 38.64\%$$

**Para a amostra - C**

$$RF = \frac{\text{Área do Std.} \times 100}{\text{Área do Std interno} \times \text{Peso do Std} \times \text{Pureza do Std.}}$$

$$RF = \frac{72314639 \times 100}{154908598 \times 0.0246 \times 98.30}$$

$$RF = 19{,}3047$$

$$\text{2,4-D Ácido\%} = \frac{\text{Área da amostra} \times 100}{\text{Área do padrão interno} \times \text{Peso da amostra} \times RF}$$

$$\text{Amostra \%} = \frac{86327862 \times 100}{151415698 \times 0.0497 \times 19.3047}$$

$$= 59.43\%$$

**Para a amostra - D**

$$\text{Valor RF} = \frac{\text{Área do Std.} \times 100}{\text{Área do Std interno} \times \text{Peso do Std} \times \text{Pureza do Std.}}$$

$$\text{RF} = \frac{72314639 \times 100}{154908598 \times 0.0246 \times 98.30}$$

Valor RF = 19,3047

$$\text{2,4-D Ácido\%} = \frac{\text{Área da amostra} \times 100}{\text{Área do padrão interno} \times \text{Peso da amostra} \times \text{RF}}$$

$$\text{Amostra \%} = \frac{423619607 \times 100}{901455677 \times 0.0497 \times 19.3047}$$

$$= 49.22\%$$

**Para amostra - E**

$$\text{Valor RF} = \frac{\text{Área do Std.} \times 100}{\text{Área do Std interno} \times \text{Peso do Std} \times \text{Pureza do Std.}}$$

$$RF = \frac{72314639 \times 100}{154908598 \times 0.0246 \times 98.30}$$

Valor RF = 19,3047

$$\text{2,4-D Ácido\%} = \frac{\text{Área da amostra} \times 100}{\text{Área do padrão interno} \times \text{Peso da amostra} \times RF}$$

$$\text{Amostra \%} = \frac{72027431 \times 100}{151549258 \times 0.0497 \times 19.3057}$$

$$= 49.53\%$$

**Para amostra - F**

$$RF = \frac{\text{Área do Std.} \times 100}{\text{Área do Std interno} \times \text{Peso do Std} \times \text{Pureza do Std.}}$$

$$RF = \frac{72314639 \times 100}{154908598 \times 0{,}0246 \times 98{,}30}$$

$$RF = 19{,}3047$$

$$\text{2,4-D Ácido\%} = \frac{\text{Área da amostra} \times 100}{\text{Área do padrão interno} \times \text{Peso da amostra} \times RF}$$

$$\text{Amostra \%} = \frac{72027431 \times 100}{151549258 \times 0{,}0497 \times 19{,}3057}$$

$$= 49{,}53\%$$

## Cálculo para a norma

$$RF = \frac{\text{Área do Std.} \times 100}{\text{Área do Std interno} \times \text{Peso do Std} \times \text{Pureza do Std.}}$$

$$RF = \frac{72314639 \times 100}{154908598 \times 0.0246 \times 98.30}$$

$$RF = 19{,}3047$$

# CAPITULO: 4
## RESULTADOS E DISCUSSÃO

| Não. | Amostra | Valor RF | % de ácido 2,4-D |
|---|---|---|---|
| 1 | A | 19.3047 | 48.72 |
| 2 | B | 19.3047 | 38.64 |
| 3 | C | 19.3047 | 59.43 |
| 4 | D | 19.3047 | 49.22 |
| 5 | E | 19.3047 | 49.53 |
| 6 | F | 19.3047 | 49.53 |

**Tabela. 4.1 Resultado das seis amostras de 2,4-D**

## CONCLUSÃO:

Ao efetuar o método HPLC para o exame dos herbicidas 2,4-D e com base no gráfico e cálculo acima, concluo que a amostra A corresponde à amostra padrão.

A amostra A pertence à amostra padrão.

E a amostra E é comparada com a amostra F.

# CAPÍTULO: 5
# APLICAÇÕES

# APLICAÇÕES

Os pesticidas estão frequentemente associados a investigações forenses que envolvem suicídios ou tentativas de suicídio.

A exposição a pesticidas é monitorizada através da determinação da presença de pesticidas em amostras biológicas, como o soro sanguíneo.

Identificação de pesticidas e drogas a partir de material biológico e não biológico para fins forenses.

Devido à facilidade de acesso a conhecimentos publicitários e a uma ação rápida, estes pesticidas estão a ser largamente utilizados para fins suicidas e homicidas nos países em desenvolvimento. Nesta situação, o toxicologista forense desempenha um papel vital na identificação e deteção da substância tóxica em casos de autópsia médico-legal.

Os resíduos de pesticidas organofosforados e organo nitrogenados em sumos de fruta são analisados pelo método HPLC.

Foram estabelecidos alguns métodos de HPLC para a determinação de resíduos de 2,4-D em produtos hortícolas, frutos e amostras ambientais.

A HPLC é uma das técnicas de separação mais frequentemente utilizadas em toxicologia forense. Em comparação com a cromatografia gasosa.

Apresenta vantagens particulares no caso de substâncias não voláteis, termicamente sensíveis e de elevado peso molecular, que podem ser analisadas em condições moderadas e sem derivação.

Monitorização terapêutica dos estudos sobre o metabolismo dos medicamentos.

A TLC e a HPTLC também são utilizadas para a separação de pesticidas, herbicidas e qualquer substância venenosa dos fluidos corporais.

A HPLC é amplamente utilizada como ferramenta de identificação em toxicologia forense e de emergência.

Foram observadas duas abordagens principais: desenvolvimento de escalas de índices de retenção para intercâmbio de dados intra-laboratorial e criação de uma base de dados apenas para utilização intra-laboratorial.

As máquinas de Cromatografia Líquida de Alta Eficiência empurram as substâncias através de uma bomba de alta pressão. Estas máquinas ajudam os cientistas forenses a analisar substâncias voláteis, tais como resíduos de pólvora, fibras e toxinas.

Uma das utilizações mais comuns é a determinação do material utilizado no explosivo.

A HPLC é uma técnica cromatográfica muito utilizada e extremamente poderosa, com aplicações em áreas como os laboratórios farmacêuticos, bioanalíticos, de alimentos e bebidas, clínicos, forenses, ambientais e de desenvolvimento de medicamentos.

Os métodos tradicionais de determinação de resíduos de pesticidas e de drogas baseiam-se geralmente em técnicas instrumentais como a cromatografia gasosa, a cromatografia líquida de alta resolução ou métodos cromatográficos acoplados a detectores de espetrometria de massa.

# CAPÍTULO: 6
# BIBLIOGRAFIA

1. Guia de bolso do NIOSH para riscos químicos. "#0173". Instituto Nacional de Segurança e Saúde Ocupacional (NIOSH).

2. "2,4-D". Instituto Nacional de Segurança e Saúde Ocupacional. 4 de dezembro de 2014. Recuperado em 26 de fevereiro de 2015.

3. Sigma-Aldrich Co., 2,4-D. Recuperado em 2022-03-17.

4. *"Compêndio de nomes comuns de pesticidas"*.

5. Saltar para: [ab] Allen, H.P.; et al. (1978). "Capítulo 5: Herbicidas selectivos". Em Peacock, F.C. (ed.). Jealott's Hill: Cinquenta anos de Investigação Agrícola 1928-1978. Imperial Chemical Industries Ltd. pp. 35-41.

6. Zimmerman, Percy W.; Hitchcock, Albert E. (1942). "Substâncias de crescimento substituídas de fenoxi e ácido benzoico e a relação da estrutura com a atividade fisiológica". Contrib. Instituto Boyce Thompson. **12**: 321-343.

7. Troyer, James (2001). "No início: a descoberta múltipla dos primeiros herbicidas hormonais". Ciência das ervas daninhas. **49** (2): 290-297.

8. Templeman, W. G.; Marmoy, C. J. (novembro de 1940). "O efeito sobre o crescimento de plantas de rega com soluções de substâncias de crescimento de plantas e de curativos de sementes contendo esses materiais". Anais de Biologia Aplicada. **27** (4): 453-471.

9. Andrew H. Cobb, John P. H. Reade. Herbicidas e Fisiologia Vegetal. Wiley-Blackwell; 2ª edição (25 de outubro de 2010)

10. Pokorny, Robert (junho de 1941). "Novos compostos. Alguns ácidos clorofenoxiacéticos". Jornal da Sociedade Americana de Química. **63** (6): 1768.

11. ^ "The weed-crop connection". Universidade da Califórnia em Davis. Arquivado do original em 2011-12-07. Recuperado em 2015-11-23.

12. Waterer, D; Roy, D; Szaroz, P (2009). "Potencial de utilização de reguladores do crescimento das plantas para melhorar o aspeto das batatas de pele vermelha". Universidade de Saskatchewan.

13. Quastel, J. H. (1950). "Ácido 2,4-diclorofenoxiacético (2,4-D) como herbicida seletivo". Produtos químicos de controlo agrícola. Avanços em Química. Vol. 1. pp. 244-249.

14. Hamner CL, Tukey HB (1944). "A ação herbicida do ácido 2,4 diclorofenoxiacético e 2,4,5 triclorofenoxiacético na trepadeira". Science. **100** (2590): 154-155.

15. Mitchell JW, Davis FF e Marth PC (1944) Turf and weed control with plant growth regulators. Golfdom **18**:34-38.

16. Saltar para: [ab] "Ficha de informação geral sobre o 2,4-D". Centro Nacional de Informação sobre Pesticidas. Recuperado em 7 de outubro de 2015.

17. Ir para: [ab c d e f] Centro Nacional de Informação sobre Pesticidas NPIC Ficha técnica sobre o 2,4-D

18. "Ingredientes utilizados em produtos pesticidas: 2,4-D". Agência de Proteção Ambiental dos Estados Unidos (EPA). 2014-09-22. Recuperado em 24 de outubro de 2015.

19. https://www.shimadzu.com/an/service-support/technical-support/analysis-basics/basic/what_is_hplc.html

20. https://en.wikipedia.org/wiki/High-performance_liquid_chromatography
-

21. McMurry J (2011). Química orgânica: com aplicações biológicas (2ª ed.). Belmont, CA: Brooks/Cole. pp. 395.

22. González-González, Mirna; Mayolo-Deloisa, Karla; Rito-Palomares, Marco (1 de janeiro de 2020), Matte, Allan (ed.), "Chapter 5 - Recent advances in antibody-based monolith chromatography for therapeutic applications", Approaches to the Purification, Analysis and Characterization of Antibody-Based Therapeutics, Elsevier, pp. 105-116,

23. Operações alternativas de bioseparação: vida para além da cromatografia em leito fixo T.M. Przybycien, N.S. Pujar e L.M. Steele Curr Opin Biotechnol, 15 (5) (2004), pp. 469-478

24. Ongkudon, Clarence M.; Kansil, Tamar; Wong, Charlotte (2014). "Desafios e estratégias na preparação de adsorventes de cromatografia monolítica à base de polímeros de grande volume". Journal of Separation Science. **37** (5): 455-464.

*25.* González-González, Mirna; Mayolo-Deloisa, Karla; Rito-Palomares, Marco (1 de janeiro de 2020), Matte, Allan (ed.), "Chapter 5 - Recent advances in antibody-based monolith chromatography for therapeutic applications", *Approaches to the Purification, Analysis and Characterization of Antibody-Based Therapeutics*, Elsevier, pp. 105-116.

yes
I want morebooks!

Buy your books fast and straightforward online - at one of world's fastest growing online book stores! Environmentally sound due to Print-on-Demand technologies.

Buy your books online at
**www.morebooks.shop**

Compre os seus livros mais rápido e diretamente na internet, em uma das livrarias on-line com o maior crescimento no mundo! Produção que protege o meio ambiente através das tecnologias de impressão sob demanda.

Compre os seus livros on-line em
**www.morebooks.shop**